化学工业出版社"十四五"普通高等教育规划教材

# 分析化学实验

麻秀萍　朱　丹　郭江涛　主编

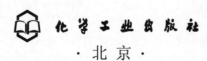

·北京·

## 内容简介

《分析化学实验》根据中药学、药学、药物制剂、制药工程、中药制药、中草药栽培与鉴定、中药资源与开发、食品质量与安全、医学检验、医学实验技术等专业教学要求和课程特点，紧扣学科、行业发展和 2020 年版《中华人民共和国药典》，融合教师科研成果，将化学分析实验和仪器分析实验整合编写而成。全书分为两部分，共十四章，其中化学分析实验部分主要介绍分析化学实验基本知识以及称量操作、重量分析、滴定分析基本操作、酸碱滴定法、配位滴定法、沉淀滴定法、氧化还原滴定法原理及实验；仪器分析实验部分主要介绍仪器分析实验一般知识、紫外-可见分光光度法、经典液相色谱法、气相色谱法、高效液相色谱法、分析仪器操作规程等。全书实验分为四大类，分别是验证性实验、设计性实验、综合性实验和创新性实验，旨在为学生提供系统、实用的化学分析及仪器分析实验指导，帮助学生掌握相关基本理论、实验技能和科学方法，培养学生科研思维和创新思维。

本书具有较强的实用性，主要用作中药学、药学、药物制剂、制药工程、中药制药等专业本科教材，也可供专业技术人员及研究人员参考。

图书在版编目（CIP）数据

分析化学实验 / 麻秀萍，朱丹，郭江涛主编.
北京：化学工业出版社，2025.4. --（化学工业出版社"十四五"普通高等教育规划教材）. -- ISBN 978-7-122-47303-5

Ⅰ. O652.1

中国国家版本馆 CIP 数据核字第 2025AG5382 号

责任编辑：傅四周　　　　　装帧设计：王晓宇
责任校对：刘　一

出版发行：化学工业出版社
　　　　　（北京市东城区青年湖南街 13 号　邮政编码 100011）
印　　装：北京云浩印刷有限责任公司
787mm×1092mm　1/16　印张 8¾　字数 191 千字
2025 年 5 月北京第 1 版第 1 次印刷

购书咨询：010-64518888　　　　售后服务：010-64518899
网　　址：http://www.cip.com.cn
凡购买本书，如有缺损质量问题，本社销售中心负责调换。

定　　价：35.00 元　　　　　　　　版权所有　违者必究

# 编写人员名单

主　编　麻秀萍　朱　丹　郭江涛
副主编　杨　菁　陈　滕　徐文芬
编　者　（按姓名汉语拼音排序）
　　　　陈　滕　贵州中医药大学
　　　　郭江涛　贵州中医药大学
　　　　何晶晶　贵州中医药大学
　　　　李　倩　贵州中医药大学
　　　　麻秀萍　贵州中医药大学
　　　　邵进明　贵州中医药大学
　　　　石　洋　贵州中医药大学
　　　　徐　锋　贵州中医药大学
　　　　徐文芬　贵州中医药大学
　　　　杨　菁　贵州中医药大学
　　　　杨　勇　贵州中医药大学
　　　　杨雅欣　贵州中医药大学
　　　　张帅男　贵州中医药大学
　　　　张亚洲　贵州中医药大学
　　　　朱　丹　贵州中医药大学

# 前言

《分析化学实验》根据教育部相关文件精神、贵州中医药大学办学特色及中药学、药学、药物制剂、制药工程、中药制药、中草药栽培与鉴定、中药资源与开发、食品质量与安全、医学检验、医学实验技术等专业教学要求和课程特点,紧扣学科发展与行业需求,融合本校教师科研成果,将化学分析实验、仪器分析实验及实验室安全知识等整合编写而成。本教材可供中药学、药学及相关专业"分析化学(含实验)""分析化学实验""基础化学实验"课程教学使用,也供相关专业技术人员与研究人员参阅。

党的二十大对人才培养、教育优先发展提出了要求,建设具有中国特色的教材是高等教育强国建设的坚实基础。本教材旨在提升学生的实验能力、科学态度、理论知识及综合素养,以培养学生的实践能力和创新精神为目标,结合当前分析化学的发展趋势和实际应用,在长期教学经验的基础上,设计了系列实验内容。

本教材共14章,主要介绍了分析化学实验基本知识及各类化学分析方法的应用、仪器分析实验的一般知识及各类仪器分析方法的应用。具体分工如下:第一章分析化学实验基本知识(杨菁、何晶晶);第二章化学分析中的称量操作(杨雅欣);第三章重量分析(陈滕、何晶晶);第四章滴定分析基本操作(朱丹);第五章酸碱滴定法(朱丹,杨菁);第六章配位滴定法(陈滕);第七章沉淀滴定法(杨雅欣);第八章氧化还原滴定法(张亚洲);第九章仪器分析实验一般知识(徐锋);第十章紫外-可见分光光度法(麻秀萍);第十一章经典液相色谱法(郭江涛);第十二章气相色谱法(邵进明、张帅男);第十三章高效液相色谱法(徐文芬、李倩);第十四章分析仪器操作规程(杨勇、石洋)。

本教材以分析化学的发展及实际应用为基础,结合各行业质量标准情况,将虚拟仿真实验有机融入仪器分析实验,以更好满足教学需求,帮助学生全面掌握分析化学的实验技能和理论知识,具有很强的实用性。教材中的实验内容设计注重培养学生的科学态度,提升实验能力,促进理论知识与实践相结合,激发学习兴趣与创新能力,鼓励学生在实验中提出自己的想法和方案,培养学生的创新思维和团队协作精神。

本教材在编写过程中得到了学校和化学工业出版社的大力支持,在此表示衷心的感谢。由于编者水平有限,教材中难免存在不足之处,敬请各位专家、学者、师生和广大读者批评指正。我们将虚心接受大家的意见和建议,不断完善教材内容,提高教材质量。

编者
2025年1月

# 目录

## 第一部分　化学分析实验　/　001

**第一章　分析化学实验基本知识** ·········· 002
　一、分析化学实验的任务和要求 ·········· 002
　二、实验室基本要求 ·········· 003
　三、化学试剂的一般知识 ·········· 005
　四、纯水制备与检验 ·········· 006
　五、常用的玻璃仪器及实验用品 ·········· 007
　六、实验数据的记录、处理与实验报告 ·········· 010

**第二章　化学分析中的称量操作** ·········· 013
　一、分析天平的基本原理 ·········· 013
　二、分析天平的使用规则及注意事项 ·········· 014
　实验一　分析天平称量练习 ·········· 014

**第三章　重量分析** ·········· 017
　一、重量分析基本原理 ·········· 017
　二、重量分析实验 ·········· 017
　实验二　葡萄糖干燥失重的测定 ·········· 017
　实验三　芒硝中硫酸钠的含量测定 ·········· 019
　实验四　生药灰分的测定 ·········· 021

**第四章　滴定分析基本操作** ·········· 023
　一、滴定分析基本原理 ·········· 023
　二、滴定分析实验 ·········· 023
　实验五　滴定分析基本操作练习 ·········· 023
　实验六　定量分析器皿的校准 ·········· 025

**第五章　酸碱滴定法** ·········· 029
　一、酸碱滴定法基本原理 ·········· 029
　二、酸碱滴定法实验 ·········· 029

实验七　氢氧化钠标准溶液（0.1mol/L）的配制与标定 ……………………………… 029
　　实验八　苯甲酸的含量测定 ………………………………………………………… 031
　　实验九　山楂药材中总有机酸的含量测定 ………………………………………… 033
　　实验十　盐酸标准溶液（0.1mol/L）的配制与标定 ………………………………… 034
　　实验十一　混合碱溶液各组分含量测定 …………………………………………… 036

## 第六章　配位滴定法 ………………………………………………………………… 039
　　一、配位滴定法基本原理 …………………………………………………………… 039
　　二、配位滴定法实验 ………………………………………………………………… 039
　　实验十二　EDTA标准溶液的配制与标定 ………………………………………… 039
　　实验十三　水硬度的测定 …………………………………………………………… 041
　　实验十四　中药明矾的含量测定 …………………………………………………… 043
　　实验十五　石膏中含水硫酸钙的含量测定 ………………………………………… 045

## 第七章　沉淀滴定法 ………………………………………………………………… 048
　　一、沉淀滴定法基本原理 …………………………………………………………… 048
　　二、沉淀滴定法实验 ………………………………………………………………… 048
　　实验十六　$AgNO_3$ 标准溶液和 $NH_4SCN$ 标准溶液的配制与标定 …………… 048
　　实验十七　大青盐的含量测定 ……………………………………………………… 050

## 第八章　氧化还原滴定法 …………………………………………………………… 052
　　一、氧化还原滴定法基本原理 ……………………………………………………… 052
　　二、氧化还原滴定法实验 …………………………………………………………… 052
　　实验十八　重铬酸钾标准溶液的配制 ……………………………………………… 052
　　实验十九　中药磁石中铁的含量测定 ……………………………………………… 055
　　实验二十　中药自然铜中铁的含量测定 …………………………………………… 056
　　实验二十一　维生素C注射液的含量测定 ………………………………………… 059

# 第二部分　仪器分析实验 / 061

## 第九章　仪器分析实验一般知识 …………………………………………………… 062
　　一、仪器分析实验的要求 …………………………………………………………… 062
　　二、仪器分析实验室安全知识 ……………………………………………………… 062
　　三、样品前处理方法 ………………………………………………………………… 063
　　四、仪器实验注意事项 ……………………………………………………………… 064

## 第十章　紫外-可见分光光度法 ……………………………………………………… 065
　　一、紫外-可见分光光度法基本原理 ………………………………………………… 065
　　二、紫外-可见分光光度法实验 ……………………………………………………… 065
　　实验二十二　$KMnO_4$ 溶液吸收曲线的测绘 ……………………………………… 066

实验二十三　分光光度法测定芦丁的标准曲线 ･･････････････････････････････････ 067
　实验二十四　维生素 $B_{12}$ 注射液的定性鉴别与含量测定 ････････････････････････ 069
　实验二十五　水中微量铁的测定（设计性实验）･･････････････････････････････ 071
　实验二十六　淫羊藿药材中总黄酮的含量测定（综合性实验）････････････････ 073
　实验二十七　一枝黄花药材中总黄酮的含量测定（创新性实验）･･････････････ 076
　实验二十八　茶叶中总多酚的含量测定（设计性试验）････････････････････････ 078
　实验二十九　魔芋中总多糖的含量测定（创新性实验）････････････････････････ 079
　实验三十　　刺梨中总黄酮的含量测定（创新性实验）････････････････････････ 080

## 第十一章　经典液相色谱法 ･･････････････････････････････････････････････ 082
　一、经典液相色谱法基本原理 ････････････････････････････････････････････････ 082
　二、经典液相色谱法实验 ････････････････････････････････････････････････････ 083
　实验三十一　柱色谱法测定氧化铝活度 ････････････････････････････････････････ 083
　实验三十二　柱色谱法分离菠菜中的植物色素 ･･････････････････････････････ 085
　实验三十三　纸色谱法分离氨基酸 ････････････････････････････････････････････ 087
　实验三十四　黄连粉的薄层色谱法鉴别 ････････････････････････････････････････ 089
　实验三十五　五味子的薄层色谱法鉴别 ････････････････････････････････････････ 091

## 第十二章　气相色谱法 ･･････････････････････････････････････････････････････ 093
　一、气相色谱法基本原理 ････････････････････････････････････････････････････ 093
　二、气相色谱法实验 ････････････････････････････････････････････････････････ 093
　实验三十六　气相色谱仪性能检查 ････････････････････････････････････････････ 093
　实验三十七　气相色谱法定性分析 ････････････････････････････････････････････ 095
　实验三十八　丁香药材中丁香酚含量的测定 ････････････････････････････････････ 097
　实验三十九　无水乙醇中微量水分含量的测定 ･･････････････････････････････ 098
　实验四十　　气相色谱法测定八角茴香中反式茴香脑的含量 ････････････････ 099

## 第十三章　高效液相色谱法 ････････････････････････････････････････････････ 102
　一、高效液相色谱法基本原理 ････････････････････････････････････････････････ 102
　二、高效液相色谱法实验 ････････････････････････････････････････････････････ 102
　实验四十一　高效液相色谱仪柱效能和分离度的测定 ････････････････････････ 103
　实验四十二　外标法测定淫羊藿中淫羊藿苷的含量测定 ･･････････････････････ 105
　实验四十三　标准曲线法测定赤芍中芍药苷的含量 ････････････････････････ 106
　实验四十四　中药厚朴中厚朴酚与和厚朴酚的提取与含量测定 ･･･････････････ 108
　实验四十五　一测多评法测定淫羊藿药材中有效成分的含量（综合性实验）･････ 109
　实验四十六　一测多评法测定地稔药材中 6 个成分的含量（创新性实验）････ 112
　实验四十七　HPLC 法测定甲硝唑片中甲硝唑的含量 ････････････････････････ 114
　实验四十八　阿司匹林片中游离水杨酸的检查（综合性实验）････････････････ 115
　实验四十九　HPLC 法测定茶叶中儿茶素类成分的含量（综合性实验）････････ 117

实验五十　HPLC法测定山楂中有效成分的含量（设计性实验）…………… 118

## 第十四章　分析仪器操作规程……………………………………………… 120

一、电子分析天平 ……………………………………………………… 120

二、上海元析 UV-5900 型紫外-可见分光光度计 ……………………… 120

三、赛默飞 Trace1300 型气相色谱仪（FID检测器）………………… 121

四、赛默飞 U3000 型高效液相色谱仪 ………………………………… 122

五、岛津 LC-20AT/16 型高效液相色谱仪 ……………………………… 123

六、依利特 W1100 型高效液相色谱仪 ………………………………… 124

七、气相色谱虚拟仿真实验 …………………………………………… 125

八、高效液相色谱虚拟仿真实验……………………………………… 127

## 参考文献 ……………………………………………………………………… 129

# 第一部分 化学分析实验

# 第一章
# 分析化学实验基本知识

## 一、分析化学实验的任务和要求

分析化学是一门实践性很强的学科。分析化学实验的任务是加深学生对分析化学基本理论的理解,培养学生的观察能力、解决问题的能力和精密进行科学实验的技能,养成实事求是的科学态度和一丝不苟的工作作风;引导学生树立正确的世界观、人生观和价值观,具有创新精神、团队协作精神和爱国主义精神;培养符合时代发展的技术人才。通过验证性实验(一般性实验)、综合性实验、设计性实验和创新性实验的系统性训练,培养学生的动手能力、分析解决问题的能力、创新思维和创新实践的能力;建立严格"量"的概念,学会实验数据的处理方法,为学习后续课程和将来从事实际工作打下扎实的基础。

为了完成上述任务,提出以下要求:

### 1. 实验前的预习

预习是做好实验的基础,学生在实验之前,一定要认真阅读有关实验教材,明确本实验的目的、任务、有关原理、操作的主要步骤及注意事项,做到心中有数。写好实验报告中的内容(如实验名称、日期、目的要求、简要原理、实验内容与步骤的简要描述、实验数据记录表格等),以便实验时及时、规范、准确地进行记录。

### 2. 实验过程中注意事项

(1) 实验中严格按照各项实验的基本操作规程认真操作。进行每一步操作时,都要积极思考这一步操作的目的和作用、可能出现的现象等,并提前做好准备。实验中遇到疑难问题难以处理时,应及时请教实验指导教师,不准随便离岗。

(2) 每人都必须备有专用实验记录本和报告册,随时把观察到的实验现象和数据清楚地、正确地记录在专用的记录本上。

(3) 实验开始前应检查仪器设备是否完整无损,安装是否正确,运行是否正常。实验中所使用的仪器应严格按操作规程使用,使用完后应切断或关闭电源,在仪器使用记录本上登记并记录其状态。如发现仪器有故障,应立即停止使用并报告实验指导教师处理。

（4）自觉遵守实验室规则，保持实验室整洁、安静，使实验室环境清洁、卫生，仪器安置有序，节约实验用品，废液废品应按规定处理，垃圾分类管理。

### 3. 实验完毕后注意事项

对实验所得结果和数据，按实际情况及时进行整理、计算和分析讨论。重视总结实验中的经验教训，认真撰写实验报告，按时交给实验指导教师。及时洗涤、清理仪器和实验台面，按操作规程关闭仪器及电源和水阀。

### 4. 记录及撰写实验报告注意事项、评分标准

（1）实验报告应包括下列内容：实验名称，日期，实验目的，实验原理，实验仪器及试剂，实验内容与步骤等的详细描述，测定所得数据，各种实验现象（包括文字与图像）与注解，数据记录及处理，实验讨论与结论，注意事项，思考题。

实验报告内容视各个实验的具体需要而定，应符合实验报告要求，且简洁明了。

（2）记录和计算必须准确、简明（但必要的数据和现象应记全）、清楚。

（3）记录本的篇页都应编号，不要随便撕去。

（4）记录和计算若有错误，应画线后重写，不得涂改，不得伪造或篡改数据。

（5）记录或处理分析数据应按有效数字运算规则处理。

（6）实验结果按分析数据处理要求计算，常以多次测定的平均值表示，并计算出相对平均偏差，有时还应计算出测定结果的置信区间或标准偏差。

（7）成绩评定包括：考勤、预习情况、实验操作、原始记录的真实性和规范性、实验态度、实验报告是否符合要求、实验结果的可靠性及实验结论、讨论等。

## 二、实验室基本要求

实验室开展实验教学工作，要树立"安全第一"的观念，遵守实验室的各项规章制度和要求，营造安全的实验环境。

### 1. 实验室规则

（1）遵守实验室各项规章制度。

（2）进入实验室必须穿戴适当的个人防护装备，如实验服、安全眼镜、防护手套、实验鞋等，不得穿高跟鞋、拖鞋等妨碍逃生的鞋子。女生长发应束起或戴帽。

（3）进入实验室应先熟悉实验室及其周围环境，熟知水闸、电闸、灭火器、洗眼器和急救箱的位置及正确使用方法，以及实验室安全出口和应急逃生通道。实验室的物品不得堵塞逃生通道。进入实验室后必须严格遵守实验室规则，保持实验室内安静，不得大声喧闹。

（4）实验室内严禁饮食、吸烟。切勿用实验容器代替水杯、餐具使用。一切化学试剂严禁入口。

（5）化学试剂应分类存放于指定区域，并明确标识。使用化学试剂前应仔细阅读安全数据表，了解其危害性和防护措施。禁止随意混合化学品，除非有明确的实验指导。

（6）实验时应遵守操作规程，注意安全，爱护仪器，节约用水用电；注意保持工作区整洁，纸张等废物应放入相应废物收集器内。

（7）实验完毕，应做好清洁卫生工作。仪器设备放回指定位置，保持仪器、台面、水槽等洁净，打扫地面，最后检查门、窗、水、电、气是否关好，经实验指导教师签字或同意后，方可离开实验室。

（8）实验室内一切物品（仪器、试剂、药品、产品等）不得私自带离实验室。每次实验结束，应把手充分清洗干净，方可离开实验室。

（9）实验中产生的危险化学废弃物、玻璃碎片及注射器针头应按相关规定要求进行分类，并放置于对应废液桶、特定废弃物盒中。应避免不同属性的化学试剂发生异常反应。严禁将水、清洗液、中药药渣、生活垃圾等非危险化学废弃物倾倒于废液桶内。

### 2. 实验室注意事项

（1）使用易挥发的有毒或有强烈腐蚀性的液体和有恶臭的气体时，应在通风橱中操作。

（2）使用浓酸、浓碱或其他具有强烈腐蚀性的试剂时，要戴手套、防护镜，小心操作，不要俯视容器，以防溅到脸上或皮肤上。如果溅到身上应立即用自来水冲洗，洒在试验台面上应立即用自来水冲洗而后擦掉。

（3）有机溶剂不得在明火或电炉上直接加热，特别是低沸点易燃液体，例如石油醚、乙醚、丙酮、苯、乙醇等最好是用水蒸气加热，至少用水浴加热，并注意观察，不得离开操作岗位。

（4）易燃或易燃易爆溶剂（如乙醇、乙醚等）切勿接近火源。

（5）取用完的试剂或试样应及时盖好瓶盖，以防试剂挥发或吸潮变质。

（6）使用高压气体钢瓶时，要严格按照操作规程操作。

（7）使用电器时，要谨防触电，不要用湿的手、物去接触电源插座。电器使用完毕及时拔下电源插头，切断电源。

### 3. 实验室意外事故的处理

在实验中如不慎发生意外事故，不要慌张，应沉着、冷静、迅速处理。

（1）割伤处理：将伤口处的异物挑出，用碘伏消毒，贴上创可贴。如果伤口较大或出血严重，先用碘伏在伤口周围清洗消毒，再用纱布按住伤口压迫止血，并立即送往医院治疗。

（2）烫伤处理：轻微烫伤可先用清水冲洗，再涂烫伤油膏。如果烫伤较重，应立即到医务室或医院医治。

（3）酸腐蚀：溅在皮肤上，立即用大量清水冲洗，再用5%碳酸氢钠溶液冲洗，最后涂上油膏；溅入眼睛，立即用清水冲洗，或用洗眼器对准眼睛冲洗15~20分钟，并尽快去医院就诊。用$HNO_3$、$HCl$、$HClO_4$、$H_2SO_4$等酸时，应在通风橱中操作。稀释浓酸时应把浓酸加入水中，而不要把水加入浓酸中。

（4）碱腐蚀：溅在皮肤上，立即用大量清水冲洗，再用饱和硼酸溶液或1%醋酸溶液冲洗，最后涂上油膏；溅入眼睛，立即用清水冲洗，或用洗眼器对准眼睛冲洗

15~20 分钟，并尽快去医院就诊。

（5）火灾：如果在实验过程中发生着火，应尽快切断电源和燃气源，并选择合适的灭火器材扑灭。若着火面积较大，在尽量扑救的同时应及时报警。

（6）触电：遇有触电事故，首先应切断电源，必要时迅速进行人工呼吸和心脏按压等急救措施，并尽快送往医院救治。

## 三、化学试剂的一般知识

化学试剂是在化学试验、化学分析、化学研究及其它试验中使用的各种纯度等级的化合物或单质。化学试剂按照化学物质的类别分为无机试剂和有机试剂两大类；按用途分为通用试剂和专用试剂，通用试剂包括一般试剂、基准试剂和高纯试剂等，专用试剂包括色谱试剂、生化试剂、光谱试剂、指示剂等。世界各个国家对化学试剂的分类和分级的标准不尽相同。我国化学试剂产品有国家标准（GB）、行业标准（ZB）和企业标准（QB）等。

### 1. 常用试剂的规格

化学试剂的规格是以其中所含杂质多少来划分的，一般可分为 4 个等级，其规格和适用范围见表 1-1。

表 1-1  试剂规格和适用范围

| 等级 | 名称 | 英文名称 | 符号 | 适用范围 | 标签标志 |
| --- | --- | --- | --- | --- | --- |
| 一级品 | 优级纯（保证试剂） | guaranteed reagent | GR | 纯度很高，适用于精密分析工作和科学研究工作 | 绿色 |
| 二级品 | 分析纯（分析试剂） | analytical reagent | AR | 纯度仅次于一级品，适用于多数分析工作和科学研究工作 | 红色 |
| 三级品 | 化学纯 | chemical pure | CP | 纯度较二级品差些，适用于一般分析工作 | 蓝色 |
| 四级品 | 实验试剂医用试剂 | laboratorial reagent | LR | 纯度较低，适合作实验辅助试剂 | 棕色或其他颜色 |

选用试剂时，应注意节约原则，不要盲目追求纯度高，应根据具体要求取用。优级纯和分析纯试剂，虽然是市售试剂中的纯品，但有时由于包装或取用不慎而混入杂质，或运输过程中可能发生变化，或贮藏日久而变质，所以还应具体情况具体分析。对所用试剂的规格有所怀疑时应该进行鉴定。在特殊情况下，市售的试剂纯度不能满足要求时，分析者应自己动手精制。

### 2. 试剂取用

分析工作者必须对化学试剂标准和性质有明确的认识，做到科学存放、合理使用化学试剂，既不超规格造成浪费，又不随意降低规格而影响分析结果的准确度。

（1）固体试剂的取用。粉末状试剂或颗粒状试剂一般用药匙取用；块状固体用镊子取用。取用试剂的镊子或药匙务必擦拭干净,更不能一匙多用。用后也应擦拭干净,不留残物。

(2) 液体试剂的取用。用少量液体试剂时,常使用胶头滴管吸取。定量使用时,则可根据要求选用滴定管或移液管,用吸管吸取试剂溶液时,绝不能用未经洗净的同一吸管插入不同的试剂瓶中吸取试剂。多取的试剂不能倒回原瓶,更不能随意丢弃。

(3) 用于化学实验的化学试剂无论是否有毒,一律不能入口。

(4) 开启易挥发液体的瓶塞时,瓶口不能对着眼睛或他人,以防瓶塞启开后,瓶内蒸气喷出造成伤害。

### 3. 试剂存放及注意事项

(1) 易与氧气作用的物质,如钠、钾、钙等活泼金属单质,需隔绝空气保存,一般保存在煤油或石蜡油中。锂应保存在石蜡油里。

(2) 易与水作用的物质,如钠、钾、钙应保存在煤油或石蜡油中。生石灰、无水硫酸铜、氧化钠、硫化铝等物质能与水发生反应,应密封保存。浓硫酸、氢氧化钠固体、氯化钙、五氧化二磷、碱石灰等物质易于吸水或发生潮解,应密封保存。

(3) 易与二氧化碳作用的物质,如碱类物质(氢氧化钠、氢氧化钙等)、弱酸盐类物质(硅酸钠、漂白粉等)、过氧化钠、碱石灰等物质应密封保存。

(4) 易挥发的物质,如浓盐酸、浓硝酸、浓氨水等物质,应密封放于低温处。液溴有毒且易挥发,需盛在磨口细口瓶里,加水密封,再塞上玻璃塞,并用蜡封好,放在阴凉处。

(5) 相互间易起反应的试剂(如挥发的酸与氨、氧化剂与还原剂等)应分开存放。易燃的试剂(如乙醇、乙醚、苯、丙酮等)与易爆炸的试剂(如高氯酸、过氧化物、某些硝基化合物与含氮化合物等)应分开存放在不受阳光直接照射的、阴凉通风的试剂柜中,以防止挥发出的蒸气聚集而发生危险。

(6) 易分解的物质,如浓硝酸、硝酸银、溴化银等见光易分解的物质,应保存在棕色瓶中,放于阴暗处。

(7) 易引起中毒的物质如氰化物、三氧化二砷或其他砷化物等试剂应妥善保管。对剧毒性物质应由专人负责保管。

## 四、纯水制备与检验

### 1. 纯水的制备

根据分析任务和要求不同,对水的纯度要求也有所不同。一般的分析工作,采用蒸馏水或去离子水即可;超纯物质的分析,则需纯度较高的"超纯水"。在一般的分析工作中,电极法、配位滴定法和银量法用水的纯度较高。

(1) 蒸馏法:蒸馏法能除去水中非挥发性杂质,但不能除去易溶于水的气体。同时蒸馏而得的纯水,由于蒸馏器材料不同,所带杂质也不同。通常使用玻璃、铜和石英等材料制成的蒸馏器。

(2) 离子交换法：用离子交换树脂分离出水中杂质离子的方法。用此法制得的水通常称为"去离子水"。优点是容易制得大量纯度较高的水而成本较低。

(3) 电渗析法：本法是在离子交换技术的基础上发展起来的方法，即在直流电场作用下，利用阴、阳离子交换膜对溶液中离子的选择性透过而去除离子型杂质的方法。此法不能去除非离子型杂质，适合于要求不高的分析工作。

### 2. 纯水的合理选用及检验方法

(1) 纯水的规格：在分析化学实验中，应根据所做实验的水质要求，合理地选用不同规格的纯水。我国已颁布了《分析实验室用水规格和试验方法》的国家标准（GB/T 6682—2008）。标准中规定了分析实验室用水的级别、技术指标、制备方法及检验方法。表1-2为实验室用水的级别及主要指标。

表1-2 分析实验室用水的级别和主要技术指标

| 指标名称 | 一级 | 二级 | 三级 |
| --- | --- | --- | --- |
| pH值范围（25℃） | — | — | 5.0～7.5 |
| 电导率（25℃）(mS/m) | ≤0.01 | ≤0.10 | ≤0.50 |
| 可氧化物质（以O计）/(mg/L) | — | ≤0.08 | ≤0.4 |
| 蒸发残渣（105℃±2℃）/(mg/L) | — | ≤1.0 | ≤2.0 |
| 吸光度（254nm，1cm光程） | ≤0.001 | ≤0.01 | — |
| 可溶性硅（以$SiO_2$计）/(mg/L) | ≤0.01 | ≤0.02 | — |

(2) 纯水常用的检验方法：实验所用纯水的质量，通常采用物理方法和化学方法检验其纯度来确定。检验项目主要有电导率（或电阻率）、pH、硅酸盐、氯离子及某些金属（如镁、铜、锌、铅、铁等）的离子等。

① 电导率：25℃时电导率不大于0.01mS/m。

② 碱度：要求水的pH值在5.0～7.5范围内。对存放较长时间的水，因溶解空气中的$CO_2$，pH值可降至5.6左右。取试管两支，分别加入待检验水10mL，在一试管中加入甲基红指示剂2滴，不应显红色。在另一试管中加入0.1%溴麝香草酚蓝（溴百里香酚蓝）指示剂5滴，不应显蓝色。

③ 氯离子：取待检验水10mL，用稀$HNO_3$酸化，加2滴1% $AgNO_3$溶液摇匀后，不应有浑浊现象。

④ 钙镁离子：取待检验水10mL，加氨水-氯化铵缓冲溶液（pH约为10）调节溶液pH值至10左右，加入铬黑T指示剂1滴，不应显红色。

## 五、常用的玻璃仪器及实验用品

### (一) 玻璃仪器

定量分析中常用玻璃仪器的主要用途、使用注意事项见表1-3。

## 表 1-3 常用玻璃仪器的主要用途、使用注意事项一览表

| 名称 | 主要用途 | 使用注意事项 |
| --- | --- | --- |
| 烧杯 | 溶解、配制溶液等 | 于石棉网上加热,一般不可烧干 |
| 锥形瓶 | 滴定分析、加热处理试样等 | 于石棉网上加热,一般不可烧干,且注意磨口锥形瓶加热时要打开瓶塞,非标准磨口要保持原配塞 |
| 碘量瓶 | 碘量法或其他生成挥发性物质的定量分析等 | 于石棉网上加热,一般不可烧干,且注意磨口锥形瓶加热时要打开瓶塞,非标准磨口要保持原配塞 |
| 圆(平)底烧瓶 | 加热及蒸馏等 | 避免直火加热、隔石棉网或加热浴加热 |
| 圆底蒸馏烧瓶 | 蒸馏,同时也可作少量气体发生反应器 | 避免直火加热、隔石棉网或加热浴加热 |
| 凯氏烧瓶 | 消解有机化合物 | 石棉网上加热,瓶口方向勿对向自己及他人 |
| 洗瓶 | 装纯化水、装洗涤液 | 定期清洁 |
| 量筒、量杯 | 粗略量取一定体积液体 | 切记不能加热,不能用其配制溶液,不能进行烘烤,操作时要缓慢沿壁加入或倒出液体 |
| 容量瓶 | 配制准确体积的标准溶液或待测溶液 | 非标准磨口塞要保持原配;不能有漏水现象;不能刷洗、烘烤。切记不能直火加热,可水浴加热 |
| 滴定管 | 滴定分析操作;分酸式、碱式两种类型 | 活塞要原配;不能有漏水现象;不能加热;不能长期存放碱液,且碱式管不能放与橡皮作用的滴定液 |
| 微量滴定管 | 微量或半微量滴定分析 | 只有活塞式;其余注意事项同滴定管 |
| 自动滴定管 | 自动滴定;用于滴定液需隔绝空气的情况 | 除有与一般滴定管相同的要求外,注意成套保管,另外要打气用双连球 |
| 移液管 | 准确地移取一定量的液体 | 不能刷洗、加热;上端和尖端不可磕破 |
| 刻度吸管 | 准确移取不同量的液体 | 不能刷洗、加热;上端和尖端不可磕破 |
| 称量瓶 | 矮形(扁形)用于测定干燥失重或在烘箱中烘干基准物;高形(筒形)用于称量基准物、样品等 | 不可盖紧磨口塞烘烤,磨口塞要原配 |
| 试剂瓶(细口瓶、广口瓶、下口瓶) | 细口瓶用于存放液体试剂;广口瓶用于装固体试剂;棕色瓶用于存放见光易分解的试剂 | 不能加热;不能在瓶内配制会放出大量热量的溶液;磨口塞要保持原配;放碱液的瓶子应使用橡皮塞,以免日久打不开 |
| 滴瓶 | 装需滴加的试剂 | 与试剂瓶的要求一样 |
| 漏斗 | 长颈漏斗用于定量分析、过滤沉淀;短颈漏斗用作一般过滤 | 注意滤纸与漏斗应匹配 |
| 分液漏斗(滴液、球形、梨形、筒形) | 分开两种互不相溶的液体;用于萃取分离和富集(多用梨形);制备反应中加液体(多用球形及滴液漏斗) | 磨口旋塞必须原配,不能有漏水现象 |
| 试管(普通试管、离心试管) | 定性分析检验离子;离心试管可在离心机中借离心作用分离溶液和沉淀 | 硬质玻璃制的试管可直接在火焰上加热,但不能骤冷;离心管只能水浴加热 |
| (纳氏)比色管 | 比色、比浊分析 | 不可直火加热;非标准磨口塞必须原配;注意保持管壁透明,不可用去污粉刷洗 |

续表

| 名称 | 主要用途 | 使用注意事项 |
|---|---|---|
| 冷凝管（直形、球形、蛇形、空气冷凝管） | 用于冷却蒸馏出的液体，蛇形管适用于冷凝低沸点液体蒸气，空气冷凝管用于冷凝沸点150℃以上的液体蒸气 | 不可骤冷骤热；注意从下口进冷却水，上口出水 |
| 抽滤瓶 | 抽滤时接收滤液 | 属于厚壁容器，能耐负压；不可加热 |
| 表面皿 | 盖烧杯及漏斗等 | 不可直火加热，直径要略大于所盖容器 |
| 研钵 | 研磨固体试剂及试样；不能研磨与玻璃作用的物质 | 不能撞击；不能烘烤 |
| 干燥器 | 保持烘干或灼烧过物质的干燥；也可干燥少量制备的产品 | 底部放变色硅胶或其他干燥剂，盖磨口处涂适量凡士林；不可将热物体放入，放入热物体后要时时开盖以免盖子跳起或冷却后打不开盖子 |
| 垂熔玻璃漏斗 | 过滤 | 必须抽滤；不能骤冷骤热；不能过滤氢氟酸、碱等；用毕立即洗净 |
| 垂熔玻璃坩埚 | 重量分析中烘干需称量的沉淀 | 必须抽滤；不能骤冷骤热；不能过滤氢氟酸、碱等；用毕立即洗净 |
| 标准磨口组合仪器 | 有机化学及有机半微量分析中制备及分离 | 磨口处无需涂润滑剂；安装时不可受歪斜压力；要按所需装置购置配齐 |

## （二）滤纸

### 1. 滤纸的分类及用途

滤纸是实验室常见物品，主要用于过滤。按用途分类，可分为定性滤纸和定量滤纸，其分类和用途见表1-4。

表1-4 常见滤纸的主要性能

| 种类 | 规格 | 孔径/$\mu m$ | 可溶性杂质/% | 主要用途 |
|---|---|---|---|---|
| 定性滤纸 | 快速（$P_{100}$） | >80 | <0.1 | |
| | 中速（$P_{100}$） | >50 | <0.1 | 用于分离颗粒较大的沉淀，不能用作定量分析 |
| | 慢速（$P_4$） | >3 | <0.1 | 用于分离颗粒细小的沉淀，不能用作定量分析 |
| 定量滤纸 | 快速（$P_{100}$，$P_{160}$） | 80~120 | <0.1 | 分离大颗粒沉淀 |
| | 中速（$P_{40}$，$P_{100}$） | 30~50 | <0.1 | 分离大颗粒沉淀 |
| | 慢速（$P_{1.6}$，$P_4$） | 1~3 | <0.1 | 分离极细颗粒沉淀 |

滤纸主要成分是纤维，由于一些强酸性、强碱性、腐蚀性溶液能够溶解纤维，所以这类溶液不能用滤纸过滤，而要采用玻璃砂芯滤器过滤。

### 2. 滤纸的折叠和使用方法

将滤纸对折两次折叠成四层，展开成圆锥体。所得锥体半边为一层，另半边为三层。将半边为三层的滤纸外层撕下一小角，以便其内层滤纸紧贴漏斗。撕下的滤纸角保存在洁净而干燥的表面皿上（以备在重量分析中擦拭烧杯壁和玻璃棒上残留的沉淀）。将滤纸放入漏斗中，三层的一边应放在漏斗出口较短的一边，用十指按住三层的一边，用洗瓶吹入少量蒸馏水将滤纸湿润。轻压滤纸，使它紧贴在漏斗壁上，并赶走气泡。加入蒸馏水后漏斗颈内能保留水柱而无气泡，则说明漏斗准备完好。

这种滤纸的折叠方式较四折法的过滤速度快，适用于重结晶中除去不溶性杂质而保留滤液的过滤或热过滤。

## （三）滤器

### 1. 漏斗

漏斗又称三角漏斗，用于向小口径容器中加液或配上滤纸作过滤器，而将固体和液体混合物进行分离的一种仪器。漏斗有短柄、长柄之分，都是圆锥体，投影图式为三角形，故称三角漏斗。圆锥体是为了便于折放滤纸，在过滤时常保持漏斗内液体一定深度，从而保持滤纸两边有一定压力差，有利滤液通过滤纸。

### 2. 安全漏斗

安全漏斗又叫长颈漏斗，一般用于加液，也可用于装配气体发生器。安全漏斗有直形、环颈、环颈单球、环颈双球几种。其构造显示：一是因颈长，可容纳较多液体，不致溢出，避免事故发生；二是颈部贮存液体，对发生器内的气体可起液封安全作用，故称安全漏斗。

### 3. 布氏漏斗

布氏漏斗是减压过滤的一种瓷质仪器。布氏漏斗常与吸滤瓶配套，用于滤吸较多量固体。布氏漏斗的规格以斗径和斗长表示，常用为 20mm×60mm、25mm×65mm、32mm×75mm。

### 4. 过滤瓶

过滤瓶又叫抽滤瓶，它与布氏漏斗配套组成减压过滤装置时作承接滤液的容器。过滤瓶的瓶壁较厚，能承受一定压力。它与布氏漏斗配套后，一般用水循环真空泵进行减压操作。在抽气管与过滤瓶之间常再连接一个二口瓶作缓冲器，以防止倒流现象。过滤瓶规格以容积表示，常用为 250mL、500mL 及 1000mL 等几种。

## 六、实验数据的记录、处理与实验报告

### （一）实验数据记录

要求学生应有专门的实验记录本，标上页码，不得撕去任何一页。不允许将数据

随意记在其他地方。实验记录本应与实验报告本分开。

实验过程中各种测量数据及有关现象，应及时、准确而清楚地记录下来。记录实验数据时，要有严谨的科学态度和实事求是的工作作风，切不可夹杂主观因素，绝不能随意拼凑或伪造数据。

实验过程中涉及的各种特殊仪器的型号和标准溶液浓度、特殊样品的处理方法、典型的实验条件等，也应及时准确记录下来。

记录实验中测量的数据时，应注意其有效数字位数与相应仪器分度值相匹配。如用万分之一的分析天平称重时，要求记录至0.0001g；滴定管和吸量管的读数，应记录至0.01mL。

实验记录上的每一个数据都是测量结果，所以重复测定时，即使数据完全相同，也应记录下来。

记录时，页面应保持整洁。数据可用表格记录，更为清楚明了。

在实验过程中，如发现数据算错、测错或读错而需要改动时，可将该数据用一横线划去，并在其上方写上正确数字。

## （二）分析数据处理

由于分析实验选择的是系统误差可以忽略的成熟分析实例，所以往往只需要对3~4次平行分析结果的平均偏差进行计算，用于表达结果的误差。对于分析中出现可疑值问题，可按 $Q$ 检验或 $G$ 检验法判断处理。

## （三）实验报告

实验完毕后，应用专门的实验报告本，及时认真地写出实验报告。分析化学实验报告一般包括以下内容。

### 实验（编号）（实验名称）（实验日期）

一、实验目的

二、实验原理

简要用文字或化学反应式说明。对特殊仪器的实验装置，应画出实验装置图，写出定量计算公式等。

三、实验仪器及试剂

写出实验过程中涉及的主要实验仪器，及各种特殊或大型仪器的型号、厂家；实验过程中涉及的实验试剂，必要时写出试剂来源（厂家、批号）及纯度，如药材及对照品。

四、实验内容与步骤

应按照实际实验情况详细写出，可用文字或流程图描述实验过程。

五、数据记录及处理

应用文字、表格、图形将数据表示出来。根据实验要求计算出分析结果、实验误差等。

## 六、实验结论与讨论

根据以上实验内容及数据得出实验结论；结合理论知识对该实验结论或实验结果异常的原因进行讨论分析，以提高自己发现问题、分析问题和解决问题的能力。

## 七、注意事项

写出实验过程中对实验结果影响较大的操作或存在安全隐患的情况。

## 八、思考题

结合理论知识回答，将理论和实践进行有效结合，提高学习效果。

# 第二章
# 化学分析中的称量操作

称量是分析操作中的常见步骤，也是最重要的操作之一。称量极易引入分析误差，对测定结果所造成的影响又常常难以察觉。因此，称量过程对于分析结果的准确性至关重要，如何做好正确的称量直接关系到分析结果的准确性。称量必须使用天平。天平是一种利用作用在物体上的重力以平衡原理测定物体质量或确定作为质量函数的其他量值、参数或特性的重要精密仪器。为保证分析称量结果的准确、稳定和可靠，良好的称量操作、使用精度足够的分析天平、维持天平的稳定可靠以及合适的称量环境都十分重要。

## 一、分析天平的基本原理

分析天平是定量分析工作中最重要、最常用的精密称量仪器之一。每一项定量分析都需要直接或间接地使用到分析天平，而分析天平称量的准确度对分析结果又有很大的影响，因此，必须了解分析天平的构造、性能和原理，并掌握正确的使用方法，以期获得准确的称量结果，避免因使用或保管不当影响称量的准确度。

### 1. 分析天平的分类

根据分析天平的结构特点，可分为等臂（双盘）分析天平、不等臂（单盘）分析天平和电子分析天平三类。随着时代发展和电子技术的进步，电子分析天平不断完善，已经逐渐取代机械分析天平。按天平的实际分度值 $d$ 和最大称量分类，有常量分析天平（实际分度值 $d$ 等于 0.1mg，最大称量一般为 200~500g）、半微量分析天平（实际分度值 $d$ 等于 0.01mg，最大称量为 20~200g）、微量分析天平（实际分度值 $d$ 等于 1μg，最大称量为 3~50g）和超微量分析天平（实际分度值 $d$ 等于 0.1μg，最大称量为 2~5g）等。不同等级天平的标准可读性见表 2-1。

表 2-1　不同等级天平的标准可读性

| 天平等级 | 精密天平 | 常量分析天平 | 半微量天平 | 微量天平 | 超微量天平 |
| --- | --- | --- | --- | --- | --- |
| 可读性 | 1mg~1g<br>（0.001~1g） | 0.1mg<br>（0.0001g） | 0.01mg<br>（0.00001g） | 1μg<br>（0.000001g） | 0.1μg<br>（0.0000001g） |

### 2. 电子分析天平

电子分析天平是近年发展起来，采用现代传感技术、电子技术、微型计算机等技术的新一代天平。其是根据电磁力补偿原理，采用石英管梁制成的，但其设计依据仍是杠杆原理。可直接称量，全量程不需砝码，放上被称物后，几秒钟内即达到平衡，显示读数，称量速度快，精度高。它的支承点用弹性簧片，取代机械天平的玛瑙刀口，用差动变压器取代升降枢装置，用数字显示代替指针刻度。因而，具有使用寿命长、性能稳定、操作简便和灵敏度高等特点。此外，电子分析天平具有自动校正、自动去皮、超载指示、故障报警等功能以及具有质量电信号输出功能。

电子分析天平按结构可分为上皿式和下皿式电子天平。秤盘在支架上面为上皿式，秤盘在支架下面为下皿式。目前，广泛使用的是上皿式电子天平。尽管电子天平的种类很多，但使用方法大同小异，具体操作方法参看各种仪器使用说明书。

## 二、分析天平的使用规则及注意事项

分析天平是精密称量仪器，正确使用和维护不仅能快速、准确称量，还能保证天平精度及使用寿命。以分析实验常用的千分之一和万分之一天平为例，说明分析天平的使用规则。

（1）分析天平应安放在室内牢固的台面上，要求环境清洁、干燥，室温稳定，避免振动、潮湿、阳光直接照射、腐蚀气体侵蚀等。

（2）使用前必须检查并调整天平气泡至水平位置，各部件处于正常位置。用软毛刷清刷天平，检查和调整天平的零点。打开天平开关，预热足够时间，分析天平则自动进行灵敏度及零点调节。电子天平待稳定标志显示后，可进行称量。

（3）过冷或过热的物品都不能在天平上称量（会使水汽凝结在物品上，或引起天平箱内空气对流，影响准确称量）。且不得将化学试剂和试样直接放在天平盘上，应放在干净的表面皿或称量瓶中；具有腐蚀性的气体或吸湿性物质，必须放在称量瓶或其他适当的密闭容器中称量。

（4）天平的前门主要供安装、调试和维修天平时用，不得随意打开。称量时，应关好两边侧门。

（5）称量物应放在天平盘中央，待天平达平衡时，记下读数。称量的数据应及时记录在实验记录本上，不得记录在纸片上或其他地方。

（6）天平的载重不应超过最大承重量。进行同一分析工作，应使用同一台天平，以减小称量误差。

（7）称量结束，关闭天平，取出称量物，清刷天平，关好天平门，检查零点，将使用情况登记在天平使用登记本上，切断电源，罩好天平罩。

# 实验一　分析天平称量练习

## 一、目的要求

1. 掌握直接称量法、固定质量称量法和递减称量法。
2. 掌握分析天平的基本操作和注意事项。

## 二、实验原理

电子分析天平是根据电磁力补偿原理,通过压力传感器将力转变为电信号的精密仪器。称量方法一般有直接称量法和递减称量法两种。

### 1. 直接称量法

该法一般用于称量不吸水,且在空气中性质稳定的固体(如坩埚、金属、矿石等)的准确质量。称量时,将被称量物直接放入分析天平中,称出其准确质量。

### 2. 递减称量法(又称差减法)

该法多用于称取易吸水、易氧化或易与 $CO_2$ 反应的物质。要求称取物的质量只要符合一定的质量范围即可。称量时首先在托盘天平上称出称量瓶的质量,再将适量的试样装入称量瓶中在托盘天平上称出其质量,然后放入分析天平中称出其准确质量 $m_1$。取出称量瓶,倾出试样至接近所需要的质量,再用称量瓶盖轻敲瓶口上部,使粘在瓶口的试样落在称量瓶中,然后盖好瓶盖将称量瓶放回天平盘上,称出其质量。若倾出试样质量不足,则继续按上法倾出,称得其质量 $m_2$,如此可称取多份试样。两次质量之差即为倾出的试样质量。

## 三、仪器与试药

### 1. 仪器

电子分析天平、称量瓶、纸条、小烧杯、药匙等。

### 2. 试药

氧化铝($Al_2O_3$)等。

## 四、实验内容与步骤

### 1. 直接称量练习

在分析天平上称出空称量瓶(瓶身+瓶盖)、(称量瓶+样品)的准确质量,称量结果记录于表 2-2 中,以后者减去空瓶重,即得样品质量。或者称出空称量瓶(瓶身+瓶盖)质量,按归零键,再称样品即得。用此法称出 3 份样品,每份 0.2g。

表 2-2　直接法称量练习结果记录

| 称量次数 | 空称量瓶质量/g | (称量瓶+样品)质量/g | 样品质量/g | 相对平均偏差/% |
|---|---|---|---|---|
| 1 | | | | |
| 2 | | | | |
| 3 | | | | |

## 2. 递减称量法练习

在分析天平上用此法称出 3 份样品,每份 0.3~0.4g,将称量结果记录于表 2-3 中。

表 2-3 递减法称量练习结果记录

| 试样序号 | (称量瓶+试样)质量/g | 试样质量/g | 相对平均偏差/% |
|---|---|---|---|
| 0 | $m_1$ | | |
| 1 | $m_2$ | $m_1-m_2=$ | |
| 2 | $m_3$ | $m_2-m_3=$ | |
| 3 | $m_4$ | $m_3-m_4=$ | |

## 五、注意事项

1. 不能随意移动电子分析天平,注意天平的最大称量值。
2. 药品不得直接放在天平盘中称量,须放置于容器或称量瓶中后称量。称量时应注意手不能直接接触称量瓶,可用纸条裹紧称量瓶进行操作。
3. 不得用天平称量热的、湿的物品。
4. 倾倒样品时称量瓶要靠近接收器皿,瓶盖轻敲称量瓶瓶口上缘,边敲边倾斜瓶身,注意不要洒到瓶外;倾倒完后,要边敲边慢慢直立瓶身。
5. 关好天平门,数字稳定后才读数。
6. 实验完毕,用罩布将天平罩好,在登记本上做好记录,经教师签名,方可离开天平室。

## 六、数据处理

规范记录称量数据,并计算称量值的平均值和相对平均偏差。

## 七、思考题

1. 实际工作中如何选择分析天平?
2. 采用减重法称量的要求是什么?

# 第三章
# 重量分析

## 一、重量分析基本原理

重量分析法简称重量法，该法通过称量物质的质量或质量变化来确定待测组分的含量，一般是将试样中待测组分分离后转化成稳定的称量形式，经分析天平称量确定待测组分的含量。重量分析法可以直接采用分析天平测定的数据获得分析结果，一般不需要与标准试样或基准物质进行比较，没有容量器皿引入的误差，称量误差一般也较小，所以重量分析法的分析结果准确度较高，相对误差一般不超过±(0.1%～0.2%)。目前仍有一些药品的分析检验项目需用重量分析法，如药物的含量测定、干燥失重、炽灼残渣及中草药灰分测定等。

根据分离方法的不同，重量分析法可分为挥发法、萃取法、沉淀法和电解法等。重量分析的基本操作包括取样、称量、溶解、沉淀、过滤、洗涤、干燥、灼烧等。称量通常使用分析天平，使用前应对天平进行校正，分析天平正确使用方法详见第二章。

## 二、重量分析实验

通过葡萄糖干燥失重的测定，使学生掌握干燥失重的测定方法，明确恒重的意义，并进一步巩固分析天平的称量操作；芒硝中硫酸钠的含量测定实验，使学生掌握沉淀、过滤、洗涤及灼烧等重量分析的基本操作技术，理解换算因数在数据分析中的作用，并加深对晶形沉淀的沉淀理论和条件的理解；生药灰分的测定实验，让学生学习使用高温炉，并掌握挥发重量法测定生药灰分的原理、基本步骤与操作注意事项。

## 实验二　葡萄糖干燥失重的测定

### 一、目的要求

1.通过实验巩固分析天平的称量操作及理解恒重的意义。

2.掌握干燥失重的测定方法。

## 二、实验原理

应用挥发重量法,将试样加热,称出试样减失后的质量,分析样品中水分及挥发性物质含量。

## 三、仪器与试药

### 1. 仪器

分析天平、扁称量瓶、干燥器等。

### 2. 试样

葡萄糖试样。

## 四、实验内容与步骤

### 1. 称量瓶的干燥恒重

将洗净的扁称量瓶置恒温干燥箱中,打开瓶盖并放于称量瓶旁,于105℃进行干燥,取出称量瓶,加盖,置于普通干燥器中(约30min)冷却至室温,精密称定质量至恒重。

### 2. 试样干燥失重的测定

混合均匀的试样1g(若试样结晶较大,应先迅速捣碎使成2mm以下的颗粒),平铺于已恒重的称量瓶中,厚度不可超过5mm,加盖,精密称定质量。置干燥箱中,打开瓶盖,逐渐升温,并于105℃干燥,直至恒重。平行测定3次,记录并计算。

## 五、注意事项

1. 试样在干燥器中的冷却时间每次应相同。
2. 称量应迅速,以免干燥的试样或器皿在空气中露置久后吸潮而不易达恒重。
3. 葡萄糖受热温度较高时可能溶化于吸湿水及结晶水中,因此测定本品干燥失重时,宜先于较低温度(60℃左右)干燥一段时间,使大部分水分挥发后再在105℃下干燥至恒重。

## 六、数据处理及记录

根据试样干燥前后的质量,按下式计算试样的干燥失重:

$$葡萄糖干燥失重 = \frac{S-W}{S} \times 100\%$$

式中,$S$ 为干燥前试样的质量,g;$W$ 为干燥后试样的质量,g。

将实验数据记录于表3-1中。

表 3-1　实验数据记录表

| 平行测定次数 | 1 | 2 | 3 |
|---|---|---|---|
| 称量瓶质量/g | | | |
| (试样＋称量瓶) 质量/g | | | |
| 试样质量/g | | | |
| (干燥试样＋称量瓶) 质量/g | | | |
| 葡萄糖干燥失重/% | | | |
| 相对平均偏差/% | | | |

## 七、思考题

1. 什么叫干燥失重？加热干燥适宜于哪些药物的测定？
2. 什么叫恒重？影响恒重的因素有哪些？恒重时，哪一次称量数据为真实的质量？

# 实验三　芒硝中硫酸钠的含量测定

## 一、目的要求

1. 掌握测定芒硝中硫酸钠含量的方法。
2. 掌握沉淀、过滤、洗涤及灼烧等重量分析的基本操作技术及其计算方法。
3. 熟悉晶形沉淀的沉淀理论和条件选择。

## 二、实验原理

采用沉淀重量法，以氯化钡作沉淀剂，在酸性溶液中与硫酸钠生成难溶硫酸钡细晶形沉淀，经过滤、干燥、灼烧后测定其质量，计算硫酸钠含量。

## 三、仪器与试剂

### 1. 仪器

分析天平、高温炉、古氏坩埚、坩埚钳、漏斗架、水浴锅、称量瓶、烧杯、量筒、长颈玻璃漏斗、中速无灰滤纸、玻璃棒、洗瓶等。

### 2. 试剂与试药

二水氯化钡、盐酸、硝酸、硝酸银（均为 AR）。5% $BaCl_2 \cdot 2H_2O$ 溶液、2mol/L HCl 溶液、6mol/L $HNO_3$ 溶液、0.1mol/L $AgNO_3$ 溶液，芒硝试样。

## 四、实验内容与步骤

取芒硝试样约 0.4g，精密称定，置于 300mL 烧杯中，加蒸馏水 200mL 溶解后，加 2mol/L HCl 溶液 2mL 加热近沸，在不断搅拌下缓慢加入 5% $BaCl_2 \cdot 2H_2O$ 溶液

（1s 约 1 滴），直到不再发生沉淀（约 20mL）。置水浴上加热 30min，静置 1h（陈化），用无灰滤纸过滤或称定质量的古氏坩埚滤过。过滤时将沉淀上层清液倾注在滤纸上，再分次用蒸馏水洗涤沉淀。按上述倾注法过滤数次后将沉淀转移在滤纸上，再用蒸馏水洗涤沉淀直至洗液不再显现 $Cl^-$ 反应（用 $AgNO_3$ 的稀硝酸溶液检查）。待沉淀干燥后转入恒重坩埚中灰化、炽灼至恒重，精密称定。与 0.6086 相乘，即得供试品中含硫酸钠（$Na_2SO_4$）的质量。

本品按干燥品计算，含硫酸钠（$Na_2SO_4$）不得少于 99.0%。

## 五、注意事项

1. 试样若有水不溶残渣，应过滤并用稀盐酸洗涤数次，再用纯水洗至不含 $Cl^-$ 为止。
2. 若试样中含有 $Fe^{3+}$ 等干扰离子，可在加氯化钡之前加入少量 EDTA 溶液掩蔽。
3. 为控制晶形沉淀条件，除试液应稀释加热外，沉淀剂氯化钡也可先加水适当稀释并加热。
4. 检查试液中有无氯离子的方法：用小试管收集 1~2mL 滤液，加入 1 滴 6mol/L 硝酸酸化，再加 2 滴 0.1mol/L 硝酸银溶液，无白色浑浊产生，表示氯离子已洗净。
5. 坩埚放入高温电炉前，应用滤纸吸去其底部及周围的水，以免坩埚骤热而炸裂。沉淀灼烧时，若空气不足，则硫酸钡容易被滤纸中的碳还原为硫化钡，使结果偏低。遇此情况可将沉淀用浓硫酸润湿，缓慢升温，使其重新转变为硫酸钡。

## 六、数据处理及记录

根据灼烧沉淀的质量，按下式计算芒硝中硫酸钠的含量：

$$硫酸钠含量 = \frac{W}{S} \times \frac{M_{Na_2SO_4}}{M_{BaSO_4}} \times 100\%$$

$$M_{Na_2SO_4} = 142.0 \text{g/mol}$$

$$M_{BaSO_4} = 233.4 \text{g/mol}$$

式中，$S$ 为试样的质量，g；$W$ 为硫酸钡称量形式的质量，g。

将实验数据记录于表 3-2 中。

表 3-2 实验数据记录表

| 项目 | 第 1 次 | 第 2 次 |
|---|---|---|
| （称量瓶＋试样）质量/g | | |
| （称量瓶＋剩余试样）质量/g | | |
| 试样质量/g | | |
| 空坩埚质量/g | | |
| （坩埚＋硫酸钡）质量/g | | |
| 硫酸钡称量形式质量/g | | |
| $Na_2SO_4$ 的含量/% | | |
| 相对偏差/% | | |

## 七、思考题

1. HCl 溶液的作用是什么？
2. 为什么要煮至近沸并不断搅拌下缓缓加入氯化钡沉淀剂来沉淀 $Na_2SO_4$？
3. 何谓陈化？为什么要陈化？

# 实验四　生药灰分的测定

## 一、目的要求

1. 掌握生药灰分测定的意义和原理。
2. 熟悉生药灰分测定注意事项。
3. 熟悉高温炉的使用方法。

## 二、实验原理

生药样品完全炭化后，置于 450～550℃ 高温炉中炽灼，样品中水分和挥发物质以气体形式放出，有机物的碳、氢、氮等元素转化为二氧化碳、氮氧化物以及水分而散失；无机物以硫酸盐、磷酸盐、碳酸盐、氧化物等无机盐和金属氧化物的形式残留下来，这些炽灼后的残留物质即为灰分，称量残留物质的质量即可计算出样品灰分的含量。

## 三、仪器与试药

### 1. 仪器

高温电炉、分析天平、瓷坩埚、坩埚钳、干燥器等。

### 2. 试药

中药试样。

## 四、实验内容与步骤

### 1. 瓷坩埚的准备

将坩埚置高温电炉中，于 450～550℃ 炽灼 0.5h，冷却至 200℃ 取出，放入干燥器中冷却至室温，精密称定，并反复炽灼至恒重。

### 2. 样品的灰化

取试样粉末（过 2 号筛）2～3g，置于炽灼至恒重的坩埚中，精密称定。低温缓缓炽灼，注意避免燃烧，至完全炭化时，逐渐升高温度，于 450～550℃ 炽灼 1h，放冷，称重。重复炽灼，直至恒重。平行测定 3 次。

## 五、注意事项

1. 样品高温炽灼前要进行炭化，炭化时需注意热源强度，防止产生大量的泡沫溢出坩埚；只有炭化完全，即不冒烟后才可放入高温电炉中。

2. 把坩埚放入高温炉或从炉口中取出时，需在炉口停留片刻，使坩埚预热或冷却，防止因温度剧变而使坩埚破裂。

3. 炽灼温度不能超过 600℃，否则会造成钾、钠、氯等易挥发成分的损失。

## 六、数据处理及记录

根据残渣质量按下式计算试样中灰分的百分含量：

$$灰分 = \frac{W}{S} \times 100\%$$

式中，$S$ 为试样的质量，g；$W$ 为灰分的质量，g。

实验数据记录于表 3-3 中。

表 3-3　实验报告记录格式

| 项目 | 第 1 次 | 第 2 次 | 第 3 次 |
| --- | --- | --- | --- |
| 坩埚质量/g | | | |
| （试样＋坩埚）质量/g | | | |
| 试样质量/g | | | |
| 炽灼后（试样＋坩埚）质量/g | | | |
| 灰分含量/% | | | |
| 相对平均偏差/% | | | |

## 七、思考题

1. 测定生药灰分的意义是什么？
2. 生药灰分的测定和干燥失重的测定有何异同？
3. 为什么在炭化时要先在低温下缓缓炽灼，避免燃烧？

# 第四章
# 滴定分析基本操作

## 一、滴定分析基本原理

滴定分析又称容量分析，它是基于已知准确浓度的溶液（标准溶液）与被测物质之间发生化学反应时，它们之间存在一定的化学计量关系，利用标准溶液的浓度和所消耗的体积来计算被测物质含量的一种方法。根据化学反应类型的不同，滴定分析法可分为酸碱滴定法、氧化还原滴定法、配位滴定法和沉淀滴定法。滴定分析中常用到的玻璃仪器包括移液管、吸量管、容量瓶和滴定管等，要熟练掌握这些仪器的规范操作方法。

## 二、滴定分析实验

通过滴定分析基本操作练习，学生掌握常用滴定分析仪器的规范操作，正确判断滴定终点的方法，为以后的滴定分析打下实验基础；定量分析器皿的校准，使学生了解容量器皿均存在误差，通过校准，减小容量器皿误差。

# 实验五 滴定分析基本操作练习

## 一、目的要求

1. 掌握滴定分析的基本操作和正确判断滴定终点。
2. 熟悉滴定分析常用仪器的使用方法。

## 二、实验原理

滴定分析包括酸碱滴定、配位滴定、氧化还原滴定及沉淀滴定等分析方法，本实验以酸碱滴定为例，练习滴定分析的基本操作，为滴定分析奠定实验基础。

## 三、仪器与试剂

### 1. 仪器

酸式滴定管（50mL）、碱式滴定管（50mL）、容量瓶（250mL）、锥形瓶（250mL）、移液管（25mL）、刻度吸量管（10mL）、小烧杯等。

### 2. 试剂

HCl 溶液（0.1mol/L），NaOH 溶液（0.1mol/L），硫酸铜（CP），甲基橙指示剂，酚酞指示剂。

## 四、实验内容与步骤

### 1. 容量瓶使用练习

称取硫酸铜约 0.1g，置小烧杯中，加水约 20mL，搅拌溶解后，转移至 250mL 容量瓶中，稀释至刻度，摇匀。

### 2. 移液管使用练习

用移液管精密量取上述 $CuSO_4$ 溶液 25mL 于锥形瓶中，移取 3~6 份，直至熟练。

### 3. 滴定操作及终点判定练习

（1）用 HCl 溶液滴定 NaOH 溶液：用刻度吸量管精密量取 0.1mol/L NaOH 溶液 10mL 于锥形瓶中，加水 20mL，加甲基橙指示液 2 滴，摇匀。取 50mL 酸式滴定管 1 支，将其旋塞涂上凡士林，转动活塞，检查不漏液并洗净后，用配制的 0.1mol/L HCl 溶液将滴定管润洗 3 次（每次使用约 10mL），再将 0.1mol/L HCl 溶液直接由试剂瓶倒入管内至 0 刻度以上，排除出口管内气泡，调节液面至 0.00mL。用 0.1mol/L HCl 溶液滴定至溶液由黄色变为橙色，即为终点。记录所消耗的 HCl 溶液的体积（准确读数至 0.01mL）。再于锥形瓶中加入 0.1mol/L NaOH 溶液数滴，用 HCl 溶液滴定至终点，记录滴定终点读数，反复练习，直至熟练，注意掌握滴加 1 滴、半滴的操作。

（2）用 NaOH 溶液滴定 HCl 溶液：用刻度吸量管精密量取 0.1mol/L HCl 溶液 10mL 于锥形瓶中，加水 20mL，加酚酞指示液 2 滴，摇匀。取 50mL 碱式滴定管 1 支，经安装橡皮管和玻璃珠，检查不漏液并洗净后，用配制的 0.1mol/L NaOH 溶液将滴定管润洗 3 次（每次使用约 10mL），再将 0.1mol/L NaOH 溶液直接由试剂瓶倒入管内至刻度 0 以上，排除橡皮管和出口管内气泡，调节管内液面至 0.00mL。用 0.1mol/L NaOH 溶液滴定至溶液由无色变为淡粉红色，即为终点。记录所消耗的 NaOH 溶液的体积（准确读数至 0.01mL）。再于锥形瓶中加入 0.1mol/L HCl 溶液数滴，用 NaOH 溶液滴定至终点，记录滴定终点读数，反复练习，直至掌握。

## 五、注意事项

1. 滴定管、移液管和容量瓶等带有刻度的精密玻璃量器，不能用直火加热或放入干燥箱中烘干，也不能装热溶液，以免影响测量的准确度。

2. 将溶液加入滴定管时，应直接由试剂瓶倒入管内，不能用滴管等进行转移。

## 六、思考题

1. 使用移液管、刻度吸量管应注意什么？留在管内的最后一点溶液是否吹出？
2. 酸溶液滴定碱溶液时，理论上可以使用酚酞指示剂，而为什么实际操作中往往不选用它？

# 实验六　定量分析器皿的校准

## 一、目的要求

1. 掌握滴定管、移液管、容量瓶的使用方法。
2. 熟悉滴定管、移液管、容量瓶的校准方法，并了解容量器皿校准的意义。

## 二、实验原理

滴定分析误差的来源之一是容量器皿（以下简称器皿）的体积测量误差。滴定管、移液管、容量瓶是滴定分析法所用的主要容量器皿。根据滴定分析允许的误差的大小，通常要求所用容量器皿进行溶液体积测量的误差在0.1％左右。然而，我们使用的大多数容量器皿由于种种原因，如不同的商品等级、温度的变化、长期使用过程中试剂的侵蚀等，大多数器皿的实际容积与它所标示的容积之差往往超出允许的误差范围。不同等级的容量瓶、移液管、刻度吸管和滴定管的允许误差见表4-1～表4-4。因此，为提高滴定分析的准确度，尤其是在对准确度要求较高的分析工作中，必须对器皿进行校准。

表 4-1　容量瓶的允许误差　　　　　　　　　　单位：mL

| 等级 | 10mL | 25mL | 50mL | 100mL | 250mL | 500mL | 1000mL | 2000mL |
| --- | --- | --- | --- | --- | --- | --- | --- | --- |
| 一等 | ±0.02 | ±0.03 | ±0.05 | ±0.10 | ±0.10 | ±0.15 | ±0.30 | ±0.50 |
| 二等 | — | ±0.06 | ±0.10 | ±0.20 | ±0.20 | ±0.30 | ±0.60 | ±1.00 |

表 4-2　移液管的允许误差　　　　　　　　　　单位：mL

| 等级 | 1mL | 2mL | 5mL | 10mL | 20mL | 25mL | 50mL | 100mL |
| --- | --- | --- | --- | --- | --- | --- | --- | --- |
| 一等 | ±0.006 | ±0.006 | ±0.01 | ±0.02 | ±0.03 | ±0.04 | ±0.05 | ±0.08 |
| 二等 | ±0.015 | ±0.015 | ±0.02 | ±0.04 | ±0.06 | ±0.10 | ±0.12 | ±0.16 |

表 4-3　刻度吸管的允许误差　　　　　　　　　单位：mL

| 等级 | 1mL | 2mL | 5mL | 10mL | 25mL | 50mL |
| --- | --- | --- | --- | --- | --- | --- |
| 一等 | ±0.01 | ±0.01 | ±0.02 | ±0.03 | ±0.05 | ±0.08 |
| 二等 | ±0.02 | ±0.02 | ±0.04 | ±0.06 | ±0.10 | ±0.16 |

表 4-4　滴定管的允许误差　　　　　　　　　　　单位：mL

| 等级 | 5mL | 10mL | 25mL | 50mL | 100mL |
|---|---|---|---|---|---|
| 一等 | ±0.01 | ±0.02 | ±0.03 | ±0.05 | ±0.10 |
| 二等 | ±0.03 | ±0.04 | ±0.06 | ±0.10 | ±0.20 |

### 1. 绝对校准

绝对校准是测定器皿的实际容积。常用的校准方法为称量法，即用分析天平称得称量器皿容纳或放出纯水的质量，然后将称得的水的质量除以该温度下水的校正密度 $d'_t$ [$d'_t$ 表示温度为 $t$℃时，1mL 纯水在空气中用黄铜砝码称得的质量（克）] 即得到实际容积。

例如，在 25℃校准滴定管时，称得由滴定管放出的水质量为 19.82g，那么它的实际容积应为：$\dfrac{19.82}{0.9961}=19.90$（mL）

不同温度下水的 $d'_t$ 见表 4-5，滴定管、移液管和容量瓶均可应用表 4-5 按此法校准。

表 4-5　不同温度的 $d'_t$ 值

| 温度/℃ | $d'_t$/(g/mL) | 温度/℃ | $d'_t$/(g/mL) |
|---|---|---|---|
| 5 | 0.99853 | 18 | 0.99749 |
| 6 | 0.99853 | 19 | 0.99733 |
| 7 | 0.99852 | 20 | 0.99715 |
| 8 | 0.99849 | 21 | 0.99695 |
| 9 | 0.99845 | 22 | 0.99676 |
| 10 | 0.99839 | 23 | 0.99655 |
| 11 | 0.99833 | 24 | 0.99634 |
| 12 | 0.99824 | 25 | 0.99612 |
| 13 | 0.99815 | 26 | 0.99588 |
| 14 | 0.99804 | 27 | 0.99566 |
| 15 | 0.99792 | 28 | 0.99539 |
| 17 | 0.99764 | 30 | 0.99485 |

注：$d'_t$＝温度为 $t$℃的 1mL 纯水在空气中用黄铜砝码称得的质量。

### 2. 相对校准

当要求两种器皿按一定比例配套使用时，可采用此法校准。例如 25mL 移液管量取液体的体积应等于 250mL 容量瓶量取体积的 10%。

### 3. 体积的温度校正

容量器皿的容积是以 20℃为标准来校准的。当实际使用时溶液温度不是 20℃时，容量器皿的容积以及溶液的体积都会发生改变。由于玻璃的膨胀系数极小，在温度变化不太大时可以忽略，体积的改变是由于溶液密度的改变所致。在要求较高的分析中亦要进行校正。

例如，10℃时量取1000mL水，在20℃时的体积计算如下：

查表4-5知，水在10℃时$d'_t=0.99839$g/mL，则1000mL水在10℃时其质量为998.39g；在20℃时$d'_t=0.99715$g/mL，故20℃时的体积=$\frac{998.39}{0.99715}$=1001.2（mL）

结果表明，在10℃使用时，每1000mL水的校正值为+1.2mL。

## 三、仪器

分析天平，普通温度计（0～50℃或0～100℃），50mL酸式滴定管、碱式滴定管各一支，容量瓶（250mL）一个，移液管（25mL）一支，锥形瓶（50mL具有玻璃磨口塞或橡胶塞）一个等。

## 四、实验内容与步骤

### （一）滴定管的使用

1. 分别清洗酸式滴定管和碱式滴定管各一支。
2. 练习并掌握酸式滴定管玻璃活塞涂脂方法和滴定管内气泡的消除方法。
3. 练习并掌握碱式滴定管内气泡的消除方法。
4. 练习并初步掌握酸式滴定管和碱式滴定管的滴定操作以及控制液滴大小和滴定速度的方法。
5. 练习并掌握滴定管的正确读数方法。

### （二）滴定管的校准

将蒸馏水装入洗净的滴定管中，调节至零刻度处。同时，测定所用水的温度。

取一个干燥的50mL锥形瓶，放在分析天平上称量（准确到0.001g），得空瓶质量$m_瓶$，然后从滴定管中放5mL蒸馏水至锥形瓶中，1min后准确读取其容积（精确至0.01mL）。于同一台分析天平上称锥形瓶加水的质量$m_{瓶+水}$，两次质量之差即为放出的水的质量。然后再放入5mL蒸馏水，读取容积，称量。如此反复进行直至滴定管读数为50.00mL。对于总容积较小的滴定管，每次放出的蒸馏水的体积可相应小些，如1mL或2mL，甚至更小，将结果按表4-6的方式表示。

按上述步骤重复校准一次，二次校准值之差应≤0.02mL。

表4-6 滴定管校正记录值

| 滴定管读数/mL | 读取容积/mL | 瓶加水质量/g | 水质量/g | 真实容积（水质量/$d'_t$）/mL | 总校正数（$v_真-v_读$） |
|---|---|---|---|---|---|
|  |  |  |  |  |  |

注：水温为21℃，$d'_t=0.997$g/mL。

### （三）移液管和容量瓶的相对校准

将25mL移液管洗净，移取蒸馏水调节至刻度，放入洗净并干燥的250mL容量瓶中，操作时切勿让水碰到容量瓶的磨口。反复操作到第 10 次后，观察瓶颈处水的弯月面是否刚好与标线相切，若不相切，则可根据液面最低点，在瓶颈处另作一记号。经相互校准后的容量瓶与移液管均做上相同记号，此容量瓶与移液管可配套使用。

移液管若需要进行容积绝对校准，可仿照滴定管校准的方法进行。容量瓶的绝对校准：可先将容量瓶洗净晾干，称重，然后装入蒸馏水到刻线，再称量，同时测定其水温。由瓶内水的质量除以 $d_t^t$ 值即可求出真实容积。

## 五、思考题

1. 容量器皿为什么要校准？
2. 容量器皿为什么用晾干而不用烘干？
3. 滴定管中存在气泡对滴定有什么影响？应怎样除去？
4. 校正滴定管时，为什么锥形瓶和水的质量只需准确到 0.001g？
5. 移液管在进行移液操作时，为什么不能碰到容量瓶的磨口？

# 第五章
# 酸碱滴定法

## 一、酸碱滴定法基本原理

酸碱滴定法是指利用酸和碱在水中以质子转移反应为基础的滴定分析方法。该方法可以用于测定各种酸、碱,以及能与酸、碱直接或间接发生质子转移反应的物质。对于碱的滴定,最常用的酸标准溶液是盐酸,有时也用硝酸和硫酸。对于酸的滴定,最常用的碱标准溶液是氢氧化钠,有时也用氢氧化钾或氢氧化钡。酸碱反应在化学计量点时无外观变化,通常需要选择合适的指示剂来指示滴定终点。酸碱指示剂一般是有机弱酸或有机弱碱,它们的共轭酸式或共轭碱式由于具有不同的结构而呈现不同的颜色。变色范围全部或者部分落在滴定突跃范围内的指示剂都可以用来指示终点。常见的酸碱指示剂有酚酞、百里酚酞、甲基橙、甲基红、溴酚蓝等。

## 二、酸碱滴定法实验

通过氢氧化钠标准溶液(0.1mol/L)的配制与标定,学生练习酸碱标准溶液的配制和标定方法,熟悉酚酞指示剂的使用,学会准确判断滴定终点;苯甲酸含量测定实验,使学生掌握用酸碱滴定苯甲酸的原理和操作,熟练对酚酞指示剂滴定终点的判断,掌握酸碱滴定含量测定的相关计算;山楂药材中总有机酸的含量测定实验,使学生掌握酸碱滴定法测定有机酸的原理和方法,了解酸碱滴定法在中药质量控制的应用;盐酸标准溶液(0.1mol/L)的配制与标定实验,使学生掌握标定盐酸溶液的原理和方法以及甲基红-溴甲酚绿混合指示剂滴定终点的判定;混合碱溶液各组分含量测定实验,使学生了解利用双指示剂法测定混合碱溶液中 $Na_2CO_3$ 和 NaOH 含量的原理和方法,并学习用参比溶液确定终点的方法。

## 实验七 氢氧化钠标准溶液(0.1mol/L)的配制与标定

### 一、目的要求

1. 掌握滴定的规范操作及滴定终点判断的方法。
2. 掌握酸碱标准溶液的配制和标定方法。

3. 熟悉酚酞指示剂的使用和酸碱指示剂的选择方法。

## 二、实验原理

### 1. 0.1mol/L NaOH 标准溶液的配制

酸碱滴定中，通常将 NaOH 标准溶液作为滴定剂。NaOH 易吸收空气中的水和二氧化碳，因此不宜用直接法配制，而采用间接法配制。先配制成近似浓度的溶液，然后用基准物质标定其准确浓度，也可用另一已知准确浓度的标准溶液滴定该溶液，再根据它们的体积比求出溶液的浓度。

### 2. 0.1mol/L NaOH 标准溶液的标定

标定碱溶液所用的基准物质有多种，本实验选用邻苯二甲酸氢钾作为标定 NaOH 溶液的基准物质。它易于提纯，在空气中稳定、不吸潮、容易保存、摩尔质量大。标定反应式为：

$$\underset{\text{COOK}}{\text{COOH}} + \text{NaOH} \longrightarrow \underset{\text{COOK}}{\text{COONa}} + \text{H}_2\text{O}$$

邻苯二甲酸氢钾的 $K_{a_2}=3.9\times10^{-6}$，其计量点时溶液的 pH=9.1，可选酚酞作指示剂。根据消耗 NaOH 溶液的体积计算其浓度。

## 三、仪器与试药

### 1. 仪器

分析天平、烘箱、台秤、称量瓶、量筒、烧杯、锥形瓶、碱式滴定管等。

### 2. 试剂

氢氧化钠（AR）、邻苯二甲酸氢钾（基准试剂）、酚酞指示剂。

### 3. 试液

酚酞指示剂：0.2g 酚酞溶于 100mL 乙醇中。

## 四、实验内容与步骤

### 1. 0.1mol/L NaOH 溶液的配制

用烧杯在台秤上迅速称取固体 NaOH 1.1g（若 NaOH 已产生吸湿现象，可适当增加称样量），立即用蒸馏水 250mL 溶解，贮存于聚乙烯塑料瓶中，充分摇匀。

若要配制不含 $CO_2$ 的 NaOH 标准溶液，通常先将 NaOH 配成饱和溶液（相对密度为 1.56，质量分数约为 50%），贮存于聚乙烯塑料瓶中，使析出的 $Na_2CO_3$ 结晶沉于底部，吸取上层澄清溶液稀释成所需配制的浓度。稀释用水应使用不含 $CO_2$ 的新煮沸的冷蒸馏水。配制 1000mL 浓度为 0.1mol/L NaOH 溶液,应量取 NaOH 饱和溶液 5.6mL,为保证其浓度略大于 0.1mol/L,故一般实际量取 5.6mL NaOH 饱和溶液稀释。

### 2. 0.1mol/L NaOH 溶液的标定

精密称取 3 份已在 105~110℃ 干燥至恒重的基准邻苯二甲酸氢钾(KHP),每份 0.40~0.50g,分别置于 250mL 锥形瓶中,用 50mL 新煮沸冷却的蒸馏水使之溶解,加入酚酞指示剂 2 滴,用 NaOH 待标溶液滴定至淡粉红色,30s 内不褪色即为滴定终点。根据消耗 NaOH 溶液的体积计算其浓度。

## 五、数据处理及记录

根据终点时消耗 NaOH 的体积,按下式计算 NaOH 标准溶液的浓度:

$$c_{NaOH} = \frac{m_{KHP} \times 1000}{M_{KHP} V_{NaOH}} \qquad M_{KHP} = 204.2 \text{g/mol}$$

式中,$m_{KHP}$ 为邻苯二甲酸氢钾的质量,g;$V_{NaOH}$ 为消耗 NaOH 滴定液的体积,mL。

将实验数据记录于表 5-1 中。

表 5-1 实验数据记录表

| 项目 | 第 1 次 | 第 2 次 | 第 3 次 |
| --- | --- | --- | --- |
| KHP 质量/g | | | |
| $V_{NaOH}$/mL | | | |
| $c_{NaOH}$/(mol/L) | | | |
| $\bar{c}_{NaOH}$/(mol/L) | | | |
| 个别测定的绝对偏差 | | | |
| 相对平均偏差/% | | | |

## 六、思考题

1. 用邻苯二甲酸氢钾作基准物质的优点是什么?
2. 用邻苯二甲酸氢钾标定 NaOH 溶液时,为什么用酚酞而不用甲基橙作指示剂?

# 实验八 苯甲酸的含量测定

## 一、目的要求

1. 掌握苯甲酸含量测定的原理及方法。
2. 掌握酚酞指示剂的滴定终点判断。
3. 熟悉非水滴定法测定含量的操作过程,并对实验结果进行计算与判断。

## 二、实验原理

苯甲酸（$C_7H_6O_2$）为具有苯或甲醛气味的鳞片状或针状结晶或结晶性粉末。熔点为 122.13℃。微溶于水，易溶于乙醇、乙醚等有机溶剂。苯甲酸的 $K_a = 6.3 \times 10^{-6}$，结构中具有羧基，可与 NaOH 标准溶液发生中和反应，用酚酞作指示剂进行直接滴定，计量点时，苯甲酸钠水解溶液呈微碱性使酚酞变红而指示终点。

$$\text{C}_6\text{H}_5\text{COOH} + \text{NaOH} \rightleftharpoons \text{C}_6\text{H}_5\text{COONa} + \text{H}_2\text{O}$$

## 三、仪器与试剂

### 1. 仪器

分析天平、称量瓶、锥形瓶、烧杯、量筒、碱式滴定管等。

### 2. 试剂与试样

苯甲酸试样、酚酞指示剂、氢氧化钠（AR）。

### 3. 试液

0.2%酚酞乙醇指示剂、中性乙醇溶液（对酚酞显中性）。

## 四、实验内容与步骤

1. 取苯甲酸约 0.3g，精密称定，置于 250mL 锥形瓶中。

2. 在锥形瓶中加入中性乙醇溶液 25mL，充分溶解后加入酚酞指示剂 2~3 滴，待测。

3. 对滴定管进行检漏，具体操作如下：在碱式滴定管中装入蒸馏水，置于滴定管架上直立 2min 观察有无水滴下滴，缝隙中是否有水渗出。

4. 为了保证装入滴定管的 NaOH 标准溶液不被稀释，要用 NaOH 标准溶液润洗滴定管 3 次，每次约为 10mL。方法如下：在滴定管中注入 NaOH 标准溶液后，将滴定管横过来，慢慢转动，使溶液流遍全管，然后将 NaOH 标准溶液自滴定管下端放出。

5. 将 0.1mol/L 的 NaOH 标准溶液装入碱式滴定管中，并检查滴定管下部是否有气泡，如有气泡，可将橡胶管向上弯曲，并在稍高于玻璃珠所在处用两手挤压，使溶液从尖嘴喷出，待气泡除尽后，调整 NaOH 标准溶液的体积，使 NaOH 标准溶液的凹液面刚好在 0.00mL 刻度处。

6. 将滴定管垂直地夹在滴定管架上，用左手握管，用拇指和食指捏玻璃珠所在部位稍上处的橡胶管，使成一条缝隙，溶液即可流出；滴定时，左手控制溶液的流量，右手拿住锥形瓶的瓶颈，并向同一个方向做圆周运动，旋摇。应注意在旋摇的过程中，不要使锥形瓶内的溶液溅出。

7.临近终点时，用少量中性乙醇溶液吹洗锥形瓶瓶壁，使溅起的溶液淋下，充分作用完全。同时，放慢滴定速度，防止滴定过量，每次加入 1 滴或半滴溶液，不断摇动锥形瓶，直至溶液显微红色为终点。

8.记录滴定所用的 NaOH 标准溶液的体积。在读数时，应将滴定管垂直地夹在滴定管夹上，眼睛视线与溶液凹液面下缘最低点在同一水平上。平行测定 3 次。

## 五、数据处理及记录

根据所消耗的 NaOH 标准溶液的体积，按下式计算苯甲酸的含量：

$$苯甲酸含量 = \frac{c_{NaOH} V_{NaOH} M_{C_7H_6O_2}}{S \times 1000} \times 100\% \qquad M_{C_7H_6O_2} = 122.11 \text{g/mol}$$

式中，$S$ 为苯甲酸的质量，g；$c_{NaOH}$ 为 NaOH 浓度，mol/L；$V_{NaOH}$ 为消耗 NaOH 的体积，mL。

将实验数据记录于表 5-2 中。

**表 5-2　实验数据记录表**

| 项目 | 第 1 次 | 第 2 次 | 第 3 次 |
|---|---|---|---|
| 苯甲酸质量/g | | | |
| 消耗 NaOH 的体积/mL | | | |
| NaOH 溶液浓度/(mol/L) | | | |
| 苯甲酸的含量/% | | | |
| 相对平均偏差/% | | | |

## 六、思考题

1.为什么苯甲酸要加中性乙醇溶解而不用水溶解？
2.如果 NaOH 标准溶液吸收了空气中的 $CO_2$，对苯甲酸含量的测定有何影响？
3.氢氧化钠滴定液的浓度是否必须准确到小数点后第 4 位？
4.滴定管在装入标准溶液前为什么要用该溶液润洗 2~3 次？用于滴定的锥形瓶是否要干燥？要不要用标准溶液润洗？为什么？

# 实验九　山楂药材中总有机酸的含量测定

## 一、目的要求

1.掌握酸碱滴定法测定有机酸的原理和方法。
2.熟悉酚酞作指示剂滴定终点的判断。

## 二、实验原理

本实验采用酸碱滴定法测定山楂中总有机酸的含量。山楂中含有众多有机酸类成分，如枸橼酸、酒石酸、苹果酸、棕榈酸等。本法以枸橼酸（$C_6H_8O_7$）为测定计算对象，用氢氧化钠测定其总有机酸，可用酚酞作指示剂进行滴定，其反应方程式为：

$$\begin{matrix} CH_2-COOH \\ HO-C-COOH \\ CH_2-COOH \end{matrix} + 3NaOH = \begin{matrix} CH_2-COONa \\ HO-C-COONa \\ CH_2-COONa \end{matrix} + 3H_2O$$

## 三、仪器和试剂

### 1. 仪器

碱式滴定管（50mL）、锥形瓶（250mL）、量筒（100mL）、万分之一分析天平等。

### 2. 试剂与试药

山楂粉末，NaOH标准溶液（0.1mol/L），酚酞指示液。

## 四、实验内容与步骤

取本品细粉约1g，精密称定，精密加入水100mL，室温下浸泡4h，时时振摇，滤过。精密量取续滤液25mL，加水50mL，加酚酞指示剂2滴，用氢氧化钠滴定液（0.1mol/L）滴定至溶液由无色变为粉红色，记录滴定液体积，计算即得。

本品按干燥品计算，含有机酸以枸橼酸（$C_6H_8O_7$）计，不得少于5%。

$$P_{C_6H_8O_7} = \frac{c_{NaOH} V_{NaOH} M_{C_6H_8O_7}}{m \times 3 \times 1000} \times \frac{100}{25} \times 100\% \qquad M_{C_6H_8O_7} = 192 \text{g/mol}$$

式中，$c_{NaOH}$ 为 NaOH 滴定液浓度，mol/L；$V_{NaOH}$ 为消耗 NaOH 滴定液的体积，mL；$m$ 为山楂质量，g。

## 五、注意事项

1. 提取总有机酸时应充分浸泡山楂粉，并振摇，以免提取不全，造成较大误差。
2. 滴定时要注意溶液颜色的变化，接近变色点时要放慢滴定速度。

## 六、思考题

1. 如果NaOH标准溶液在空气中放置过久，吸收部分$CO_2$，对实验结果有什么影响？
2. 滴加指示液的量对实验结果是否有影响？

# 实验十　盐酸标准溶液（0.1mol/L）的配制与标定

## 一、目的要求

1. 掌握用无水碳酸钠作基准物质标定HCl溶液的原理和方法。
2. 熟悉甲基红-溴甲酚绿混合指示剂滴定终点的判定。

## 二、实验原理

浓盐酸易挥发放出 HCl 气体,因此不能用直接法配制,而用间接法配制。先配制成近似浓度的溶液,然后用基准物质标定其准确浓度,也可用另一已知准确浓度的标准溶液滴定该溶液,再根据它们的体积比求出溶液的浓度。

标定盐酸的基准物质常用无水碳酸钠和硼砂等,本实验采用无水碳酸钠作为基准物质,以甲基红-溴甲酚绿混合指示剂指示终点,终点时颜色由绿色变为暗紫色。滴定反应为:

$$2HCl + Na_2CO_3 = 2NaCl + H_2O + CO_2 \uparrow$$

## 三、仪器与试剂

### 1. 仪器

酸式滴定管、烧杯、锥形瓶、量筒、试剂瓶、分析天平、烘箱等。

### 2. 试剂与试药

浓盐酸(AR)、无水碳酸钠(基准试剂)、甲基红-溴甲酚绿混合指示剂(取 1% 甲基红乙醇溶液 20mL 与 0.2% 溴甲酚绿乙醇溶液 30mL 混合,摇匀)。

## 四、实验内容与步骤

### 1. 0.1mol/L 盐酸溶液的配制

用 5mL 量筒取浓盐酸 4.5mL,置于试剂瓶中,加水稀释至 500mL,振摇混匀即得。

### 2. 盐酸溶液(0.1mol/L)的标定

精密称取在 270~300℃ 干燥至恒重的基准无水碳酸钠约 0.15g,置锥形瓶中,加水 50mL 使溶解,加甲基红-溴甲酚绿混合指示剂 10 滴。用 0.1mol/L HCl 溶液滴定至由绿色变为紫红色时,煮沸 2min,冷却至室温,继续滴定至溶液由绿色变为暗紫色,即为终点。按下式计算盐酸标准溶液的浓度。

$$c_{HCl} = \frac{m_{Na_2CO_3} \times 2 \times 1000}{V_{HCl} M_{Na_2CO_3}} \qquad M_{Na_2CO_3} = 105.99 \text{g/mol}$$

式中,$m_{Na_2CO_3}$ 为 $Na_2CO_3$ 的质量,g;$V_{HCl}$ 为消耗 HCl 的体积,mL。

## 五、注意事项

1. $Na_2CO_3$ 在 270~300℃ 加热干燥,目的是除去其中的水分及少量的 $NaHCO_3$。但若温度超过 300℃,则部分 $Na_2CO_3$ 分解为 $Na_2O$ 及 $CO_2$。

2. $Na_2CO_3$ 有吸湿性,称量时动作要迅速。

3.接近终点时,由于形成 $H_2CO_3$-$NaHCO_3$ 缓冲溶液,pH 变化不大,终点不敏锐,为此需加热或煮沸溶液。

## 六、思考题

1.如用吸湿的碳酸钠基准物质标定盐酸溶液的浓度时,会使标定结果偏高还是偏低?为什么?

2.溶解基准无水碳酸钠所用的水体积量度,是否需要准确?为什么?

# 实验十一 混合碱溶液各组分含量测定

## 一、目的要求

1.了解双指示剂法测定混合碱溶液中 $Na_2CO_3$ 和 NaOH 含量的原理和方法。

2.学习用参比溶液确定终点的方法。

## 二、实验原理

混合碱可采用双指示剂法进行分析,测定各组分的含量。

混合碱若是 $NaCO_3$ 与 NaOH 或 $NaHCO_3$ 与 $Na_2CO_3$ 的混合物,此时欲测定同一份试样中各组分的含量,可用 HCl 标准溶液进行滴定,根据滴定过程中溶液 pH 值变化的情况,选用酚酞和甲基橙为指示剂,此称之为"双指示剂法"。其原理如图 5-1 所示。

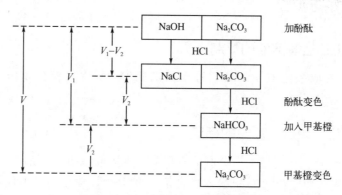

图 5-1 双指示剂法测定混合碱的原理

若混合碱是由 $Na_2CO_3$ 和 NaOH 组成,第一反应点时,反应如下:

$$HCl + NaOH = NaCl + H_2O$$

$$HCl + Na_2CO_3 = NaHCO_3 + NaCl$$

以酚酞为指示剂(变色 pH 范围为 8.0~10.0),用 HCl 标准溶液滴定至溶液由红色恰好变为无色。设此时所消耗的盐酸标准溶液的体积为 $V_1$(mL)。第二反应点的反应为:

$$HCl + NaHCO_3 = NaCl + H_2O + CO_2 \uparrow$$

以甲基橙为指示剂(变色 pH 范围为 3.1~4.4),用 HCl 标准溶液滴至溶液由黄色变为橙色。此时所消耗的盐酸标准溶液为 $V_2$(mL)。

当 $V_1 > V_2$ 时，试样为 $Na_2CO_3$ 与 NaOH 的混合物，中和 $Na_2CO_3$ 所消耗的 HCl 标准溶液为 $2V_1$（mL），中和 NaOH 时所消耗的 HCl 量应为 $(V_1-V_2)$（mL）。据此，可求得混合碱中 $Na_2CO_3$ 和 NaOH 的含量。当 $V_1 < V_2$ 时，试样为 $Na_2CO_3$ 与 $NaHCO_3$ 的混合物。

双指示剂法中，一般先用酚酞指示剂，后用甲基橙指示剂。这是由于以酚酞作指示剂时从微红色到无色的变化不敏锐，因此也常选用甲酚红-百里酚蓝混合指示剂。甲酚红的变色范围为 6.7（黄）～8.4（红），百里酚蓝的变色范围为 8.0（黄）～9.6（蓝），混合后的变色点是 8.3，酸溶液为黄色，碱溶液为紫色，混合指示剂变色敏锐。用盐酸标准溶液滴定试液由紫色变为粉红色，即为终点。

## 三、仪器与试药

### 1. 仪器

分析天平、台秤、称量瓶、锥形瓶、量筒、烧杯等。

### 2. 试剂

0.1mol/L HCl 溶液、0.2% 酚酞指示剂、1% 甲基橙指示剂、混合碱试液（100mL 水中加入 3g $Na_2CO_3$ 和 2g NaOH）。

## 四、实验内容与步骤

准确移取混合碱试液 25.00mL 于锥形瓶中，加入 25mL 去离子水，再加酚酞指示剂 1～2 滴，摇匀后用 0.1mol/L HCl 标准溶液滴定，边滴边充分摇动，滴定至酚酞恰好褪色、红色刚好消失记为第一终点，记下所用 HCl 标准溶液的体积 $V_1$。然后再加 2 滴甲基橙指示剂，溶液应为黄色，继续用 HCl 标准溶液滴定至溶液由黄色变为橙色，煮沸 2min，冷却至室温，继续滴定至溶液出现橙色为第二终点，即为终点，记下所用 HCl 标准溶液的体积 $V_2$，平行测定 3 次，计算混合碱各组分的含量。

## 五、注意事项

在第一步滴定时摇动是为了避免局部 $Na_2CO_3$ 直接被滴定至 $H_2CO_3$

## 六、数据处理及记录

当 $V_1 > V_2$ 时，试样中 $Na_2CO_3$ 与 NaOH 的含量按下式计算：

$$P_{Na_2CO_3} = \frac{c_{HCl} V_2 M_{Na_2CO_3}}{V}$$

$$P_{NaOH} = \frac{c_{HCl}(V_1-V_2) M_{NaOH}}{V}$$

$$M_{Na_2CO_3} = 106.0 \text{g/mol}, M_{NaOH} = 40.01 \text{g/mol}$$

式中，$c_{HCl}$ 为 HCl 溶液的浓度，mol/L；$V_1$ 为第一反应点所消耗 HCl 溶液的体积，mL；$V_2$ 为第二反应点所消耗盐酸溶液的体积，mL；$V$ 为混合碱的体积，mL。

将实验数据记录于表 5-3 中。

表 5-3 实验数据记录表

| 测定次数 | | 第 1 次 | 第 2 次 | 第 3 次 |
| --- | --- | --- | --- | --- |
| 酚酞指示剂 | HCl 第二次读数/mL | | | |
| | HCl 开始读数/mL | | | |
| | $V_1$/mL | | | |
| | $V_1$ 平均值/mL | | | |
| 甲基橙指示剂 | HCl 最后读数 $V_{终点}$/mL | | | |
| | HCl 第二次读数/mL | | | |
| | $V_2$/mL | | | |
| | $V_2$ 平均值/mL | | | |
| 混合碱的组成 | | | | |
| 混合碱组分 1 的含量/(g/L) | | | | |
| 混合碱组分 2 的含量/(g/L) | | | | |

## 七、思考题

1. 用盐酸滴定混合碱溶液，甲基橙变橙色后为什么还要煮沸、冷却，继续滴定至橙色为终点？

2. 双指示剂法用于混合碱定性时，根据 $V_1$ 和 $V_2$ 怎么判断由哪些成分组成？

# 第六章
# 配位滴定法

## 一、配位滴定法基本原理

配位滴定法是以被分析物与滴定剂之间形成稳定配合物的配位反应为基础的滴定分析方法，主要用于金属离子的含量测定。配位滴定中最常用的是氨羧配位剂，如乙二胺四乙酸（EDTA）、亚氨基二乙酸（IMDA）、乙二胺四丙酸（EDTP）等，其中以EDTA应用最为广泛。配位滴定法终点的判断主要通过使用金属指示剂或电位滴定法来实现。金属指示剂是一种能与金属离子生成有色配合物的显示剂，常用的金属指示剂有铬黑T、钙指示剂、PAN和二甲酚橙等。

## 二、配位滴定法实验

通过EDTA标准溶液的配制与标定实验，让学生掌握EDTA标准溶液的配制和标定方法，了解金属指示剂的变色原理及注意事项，学会使用铬黑T指示剂判断终点；水的硬度测定实验使学生掌握EDTA法测定水硬度的原理和方法，熟练应用铬黑T和钙指示剂判断终点，了解水硬度测定的意义、常用的硬度表示方法及金属指示剂的特点；中药明矾的含量测定实验使学生掌握配位滴定法中剩余滴定（返滴定）法的原理、操作及计算，熟练应用二甲酚橙指示剂判断终点，了解EDTA测定铝盐的特点；石膏中含水硫酸钙的含量测定实验使学生掌握二甲酚橙指示剂判断终点的方法，了解EDTA分析中药的应用。

## 实验十二　EDTA标准溶液的配制与标定

### 一、目的要求

1. 掌握EDTA标准溶液的配制和标定方法。
2. 熟悉金属指示剂的变色原理及注意事项，学会使用铬黑T指示剂判断终点。
3. 了解配位滴定法的应用。

### 二、实验原理

EDTA标准溶液常用乙二胺四乙酸的二钠盐（$M_{\text{EDTA-2Na} \cdot 2H_2O} = 372.26 \text{g/mol}$）配

制，乙二胺四乙酸二钠是白色结晶粉末，因不易制得纯品，标准溶液用间接法配制。以氧化锌基准物质标定其浓度，在 pH＝10 的条件下用铬黑 T 作指示剂，溶液由紫色变为纯蓝色为终点。

滴定前：$Zn^{2+} + HIn^{2-} \rightleftharpoons ZnIn^{-} + H^{+}$
　　　　　　　　　　纯蓝色　　　　紫红色

滴定中：$Zn^{2+} + H_2Y^{2-} \rightleftharpoons ZnY^{2-} + 2H^{+}$

终点时：$ZnIn^{-} + H_2Y^{2-} \rightleftharpoons ZnY^{2-} + HIn^{2-} + H^{+}$
　　　　紫红色　　　　　　　　　　　　　　纯蓝色

## 三、仪器与试药

### 1. 仪器

分析天平、台秤、高温电炉、称量瓶、试剂瓶、量筒、干燥器、烧杯、锥形瓶、酸式滴定管等。

### 2. 试剂与试药

乙二胺四乙酸二钠（AR）、氯化铵（AR）、氨水（AR）等。

铬黑 T 指示剂：取铬黑 T 0.2g 溶于 15mL 三乙醇胺，待完全溶解后，加入 5mL 无水乙醇，即得。

ZnO 基准试剂：800℃ 灼烧至恒重。

氨-氯化铵缓冲溶液（pH＝10）：取 5.4g $NH_4Cl$ 溶于少量水中，加入 35mL 浓氨水，用水稀释至 100mL。

氨试液：取浓氨水 4mL 加水稀释至 100mL。

## 四、实验内容与步骤

### 1. 0.01mol/L EDTA 溶液的配制

取乙二胺四乙酸二钠 2g，加 100mL 蒸馏水温热溶解，稀释至 500mL，摇匀，贮存于聚乙烯瓶中。

### 2. EDTA 溶液的标定

称取已在 800℃ 灼烧至恒重的基准 ZnO 约 0.025g，精密称定，加 0.6mL 稀 HCl 溶解，加蒸馏水 25mL、甲基红指示剂（0.2% 的乙醇溶液）1 滴，滴加氨试液使溶液呈微黄色，再加蒸馏水 5mL，$NH_3 \cdot H_2O$-$NH_4Cl$ 缓冲液 2mL 和铬黑 T 指示剂 2 滴，用 EDTA 标准溶液滴定至溶液由紫红色变为纯蓝色为终点。平行测定 3 次。

## 五、注意事项

1.贮存 EDTA 溶液应选用聚乙烯瓶或硬质玻璃瓶，以免 EDTA 与玻璃中的金属离子作用。

2.滴加氨试液至溶液呈微黄色，应边加边摇，若加多会生成 Zn(OH)$_2$ 沉淀，此时应用稀 HCl 调回至沉淀刚溶解。

## 六、数据处理及记录

根据终点时消耗 EDTA 标准溶液的体积，按下式计算 EDTA 标准溶液的浓度：

$$c_{EDTA} = \frac{m_{ZnO} \times 1000}{V_{EDTA} M_{ZnO}} \qquad M_{ZnO} = 81.38 \text{g/mol}$$

式中，$m_{ZnO}$ 为 ZnO 的质量，g；$V_{EDTA}$ 为消耗 EDTA 的体积，mL。

将实验数据记录于表 6-1 中。

表 6-1　实验数据记录表（ZnO 标定 EDTA 溶液）

| 项目 | 第 1 次 | 第 2 次 | 第 3 次 |
|---|---|---|---|
| ZnO 质量/g | | | |
| $V_{EDTA}$/mL | | | |
| $c_{EDTA}$/(mol/L) | | | |
| $\bar{c}_{EDTA}$/(mol/L) | | | |
| 相对平均偏差/% | | | |

## 七、思考题

1.本实验为何要加 NH$_3$·H$_2$O-NH$_4$Cl 缓冲液？
2.铬黑 T 指示剂的变色原理是什么？

# 实验十三　水硬度的测定

## 一、目的要求

1.了解水硬度测定的意义和常用的硬度表示方法。
2.掌握 EDTA 法测定水中钙镁离子含量的原理和方法。
3.掌握铬黑 T 和钙指示剂的使用条件和终点变化。

## 二、实验原理

水的总硬度通常表示水中钙、镁的总量。其中钙、镁的酸式碳酸盐遇热即形成碳酸盐沉淀而被除去，这部分钙、镁含量称为暂时硬度。

水中含有钙、镁的硫酸盐、氯化物、硝酸盐在加热时也不沉淀（但在锅炉运行温度下，溶解度低的就会析出而成水垢），这部分钙、镁含量称为永久硬度。

暂时硬度和永久硬度的总和称为总硬度。

水中钙离子和镁离子的含量可用 EDTA 法测定。总硬度的测定用铬黑 T 作指示剂。在 pH≈10 时用 EDTA 标准溶液滴定：

$$\text{滴定前：} \begin{matrix} Ca^{2+} \\ Mg^{2+} \end{matrix} + HIn^{2-} \rightleftharpoons \begin{matrix} CaIn^- \\ MgIn^- \end{matrix} + H^+$$

　　　　　　　　　　　纯蓝色　　　　　　紫红色

$$\text{终点时：} MgIn^- + H_2Y^{2-} \rightleftharpoons MgY^{2-} + HIn^{2-} + H^+$$

　　　　　　紫红色　　　　　　　　　　　　　　　　纯蓝色

水硬度的表示方法有多种，有将水中的盐类都折算成 $CaCO_3$ 的量作为硬度标准的，单位通常为 mg/L；也有将盐类折算成 CaO 的质量来表示，以"度"为单位，1度即每升水中含 10mg CaO。

## 三、仪器与试剂

### 1. 仪器

分析天平、试剂瓶、量筒、烧杯、锥形瓶、移液管、容量瓶（100mL）、酸式滴定管等。

### 2. 试剂与试药

铬黑 T 指示剂、氯化铵（AR）、氨水（AR）、氢氧化钠（AR）等。

### 3. 试液

0.01mol/L EDTA 标准溶液、氨-氯化铵缓冲溶液（pH＝10）、10％NaOH 溶液。

## 四、实验内容与步骤

取澄清的自来水样 100mL 置于 250mL 的锥形瓶中，加入 5mL 的氨-氯化铵缓冲液（pH＝10），摇匀，使溶液的 pH 值控制在 10 左右，加入新配制的铬黑 T 指示剂 2～3 滴，摇匀，用 0.01mol/L 的 EDTA 标准溶液滴定至溶液呈纯蓝色为终点。平行测定 3 次。记录消耗的 EDTA 标准溶液体积。

表示硬度常用的两种计算方法：

$$\text{硬度(mg/L)} = \frac{c_{EDTA} V_{EDTA} M_{CaCO_3}}{V_\text{水}} \times 10^3 \qquad M_{CaCO_3} = 100.09 \text{g/mol}$$

或　　　　　　　　$\text{硬度(度)} = c_{EDTA} V_{EDTA} \times 56.08$

式中，$c_{EDTA}$ 为 EDTA 标准溶液浓度，mol/L；$V_{EDTA}$ 为滴定消耗 EDTA 的体积，mL；$V_\text{水}$ 为所取水样的体积，mL。

## 五、注意事项

1.在测定总硬度时，因反应速度较慢，在接近终点时，标准溶液缓慢加入，并充分摇动。

2.在氨性溶液中，当 $Ca(HCO_3)_2$ 含量高时，可能会析出 $CaCO_3$ 沉淀，使终点变色不敏锐，这时可于滴定前先将溶液酸化，加 1～2 滴 1∶1 的 HCl，煮沸溶液除去 $CO_2$，注意 HCl 不宜多加，以免影响滴定的 pH 值。

3. 滴定时，如水样中有铁离子、铝离子等干扰离子时，可用三乙醇胺掩蔽后再进行滴定。

## 六、数据处理及记录

根据终点时消耗 EDTA 标准溶液的体积，按下式计算水的总硬度：

$$总硬度 = \frac{c_{EDTA} V_{EDTA} M_{CaCO_3}}{V_水} \times 1000$$

式中，$c_{EDTA}$ 为 EDTA 标准溶液的浓度，mol/L；$V_{EDTA}$ 为滴定时消耗 EDTA 标准溶液的体积，mL；$V_水$ 为所取水样的体积，mL；$M_{CaCO_3}$ 为 $CaCO_3$ 的摩尔质量，g/mol。

将实验数据记录于表 6-2 中。

表 6-2　实验数据记录表

| 项目 | 第 1 次 | 第 2 次 | 第 3 次 |
|---|---|---|---|
| 量取水样的体积（$V_水$）/mL | | | |
| 消耗 EDTA 标液的体积（$V_{EDTA}$）/mL | | | |
| EDTA 标液的浓度（$c_{EDTA}$）/(mol/L) | | | |
| 水的总硬度/(mg/L) | | | |
| 总硬度相对平均偏差/% | | | |

## 七、思考题

1. 配位滴定中为什么要加入缓冲溶液？
2. 用铬黑 T 指示剂怎样判断滴定终点？滴定时有哪些注意事项？

# 实验十四　中药明矾的含量测定

## 一、实验目的

1. 掌握配位滴定法中返滴定法的原理、操作及计算。
2. 掌握二甲酚橙指示剂判断终点的方法。
3. 了解 EDTA 测定铝盐的特点。

## 二、实验原理

中药明矾主要含 $KAl(SO_4)_2 \cdot 12H_2O$，一般通过测定其组分中铝的含量，进而换算成硫酸铝钾含量。

$Al^{3+}$ 能与 EDTA 生成比较稳定的配合物，但反应速率较慢，因此采用返滴定法进行测定，即准确加入过量的 EDTA 标准溶液，加热使反应完全：

$$Al^{3+} + H_2Y^{2-} \longrightarrow AlY^- + 2H^+$$

然后再用 $Zn^{2+}$ 标准溶液滴定剩余的 EDTA：
$$H_2Y^{2-}(剩余量)+Zn^{2+}\longrightarrow ZnY^{2-}+2H^+$$
返滴时以二甲酚橙为指示剂，在 pH<6.3 条件下滴定，终点时溶液由黄色变成红紫色：
$$Zn^{2+}+XO(黄色)\longrightarrow Zn\text{-}XO(红紫色)$$

## 三、仪器与试药

### 1. 仪器

分析天平、酸式滴定管、水浴锅、锥形瓶、烧杯、量筒等。

### 2. 试剂与试药

二甲酚橙指示剂、硫化锌（AR）、2‰二甲酚橙溶液、0.05mol/L EDTA 标准溶液、0.05mol/L $ZnSO_4$ 标准溶液、明矾试样、乌洛托品（AR）等。

## 四、实验内容与步骤

取明矾约 0.25g，精密称定，置于 250mL 锥形瓶中，加水 25mL 使之溶解，准确加入 0.05mol/L EDTA 标准溶液 25.00mL，在沸水浴中加热 10min，冷至室温，加水 50mL、乌洛托品 5g 及 2 滴二甲酚橙指示剂，用 0.05mol/L $ZnSO_4$ 标准溶液滴定至溶液由黄色变为橙色，即达终点。平行测定 3 次。记录 $ZnSO_4$ 标准溶液消耗体积，计算。

## 五、数据处理及记录

根据终点消耗的 $ZnSO_4$ 标准溶液的体积，按下式计算明矾含量：

$$明矾含量=\frac{(c_{EDTA}V_{EDTA}-c_{ZnSO_4}V_{ZnSO_4})\times\dfrac{M_{KAl(SO_4)_2\cdot 12H_2O}}{1000}}{m}\times 100\%$$

$$M_{KAl(SO_4)_2\cdot 12H_2O}=474.4\text{g/mol}$$

式中，$m$ 为试样的质量，g；$c_{EDTA}$、$V_{EDTA}$ 为加入 EDTA 标准溶液的浓度和体积，mol/L 和 mL；$c_{ZnSO_4}$、$V_{ZnSO_4}$ 为加入 $ZnSO_4$ 标准溶液的浓度和体积，mol/L 和 mL。

将实验数据记录于表 6-3 中。

表 6-3 明矾含量测定的结果

| 项目 | 第1次 | 第2次 | 第3次 |
| --- | --- | --- | --- |
| 试样重/g | | | |
| $V_{ZnSO_4}$/mL | | | |
| 明矾含量/% | | | |
| 明矾含量平均值/% | | | |
| 相对平均偏差/% | | | |

## 六、注意事项

1. 试样溶于水后，会缓慢水解呈浑浊，加入过量 EDTA 溶液加热后，即可溶解，故不影响测定。

2. 加热能使 $Al^{3+}$ 与 DETA 的配位反应加速，一般在沸水浴中加热 3min，配位反应的程度可达 99%，为使反应完全加热 10min。

3. 在 pH<6 时，游离二甲酚橙呈黄色，滴定至终点时，微过量的 $Zn^{2+}$ 与部分二甲酚橙配合成红紫色，黄色与红紫色组成橙色。

4. 在滴定溶液中加入乌托洛品（六亚甲基四胺）控制酸度 pH5~6，因 pH<4 时配合不完全，pH>7 时生成 $Al(OH)_3$ 沉淀。

5. 本实验除了用乌洛托品控制溶液的酸度外，还可以用乙酸-乙酸钠缓冲溶液来控制。

## 七、思考题

1. 能否用 EDTA 直接滴定进行明矾定量测定？
2. 此滴定能用铬黑 T 指示剂吗？

# 实验十五　石膏中含水硫酸钙的含量测定

## 一、实验目的

1. 掌握配位滴定法中返滴定法的原理、操作及计算。
2. 掌握二甲酚橙指示剂判断终点的方法。
3. 了解 EDTA 测定钙盐的特点及其应用。

## 二、实验原理

本品为硫酸盐类矿物石膏族石膏，主要有含水硫酸钙（$CaSO_4 \cdot 2H_2O$），一般通过测定其组分中钙的含量，换算成硫酸钙含量。

EDTA 通常用于滴定能与它形成稳定配合物的金属离子，如 $Ca^{2+}$。然而，二水硫酸钙在水中的溶解度非常低，它不会在水中大量解离出 $Ca^{2+}$，因此无法直接用 EDTA 滴定。

为了进行滴定，通常需要将二水硫酸钙转化为可溶性的钙盐，如加入酸（如盐酸）使其转化为硫酸钙沉淀，随后再转化为可溶性的 $Ca^{2+}$（通过加入过量的碱如氢氧化钾），或者通过加入某种能与硫酸根反应的试剂来释放 $Ca^{2+}$（这在常规分析中并不常见，因为硫酸钙的溶解度非常低）。但在实际应用中，更常见的是通过其他方式制备 $Ca^{2+}$ 的溶液，例如使用氯化钙（$CaCl_2$）或其他可溶性的钙盐。

$$CaSO_4 \cdot 2H_2O + 2H^+ \longrightarrow CaSO_4 + 2H^+ + 2H_2O$$

$$CaSO_4 + 2KOH \longrightarrow Ca(OH)_2 + K_2SO_4$$

$$Ca^{2+} + H_2Y^{2-} \longrightarrow CaY^{2-} + 2H^+$$

## 三、仪器与试药

### 1. 仪器

分析天平、酸式滴定管、水浴锅、锥形瓶、烧杯、量筒等。

### 2. 试剂与试药

甲基红指示剂、氢氧化钾试液、稀盐酸、0.05mol/L EDTA 标准溶液、钙黄绿素指示剂、石膏试样等。

## 四、实验内容与步骤

取本品细粉 0.2g，精密称定，置于 250mL 锥形瓶中。加稀盐酸 10mL，加热使之溶解，加水 100mL 与甲基红指示液 1 滴，滴加氢氧化钾试液至溶液显浅黄色，再加 5mL 氢氧化钾试液，加钙黄绿素指示剂少量，用 0.05mol/L EDTA 标准溶液滴定，至溶液的黄绿色荧光消失，并显橙色，即达终点。平行测定 3 次。记录消耗 EDTA 标准溶液的体积，计算。

每 1mL EDTA 滴定液 (0.05mol/L) 相当于 8.608mg 的含水硫酸钙 ($CaSO_4 \cdot 2H_2O$，分子量为 172.17)。

## 五、数据处理及记录

根据终点消耗 EDTA 标准溶液的体积按下式计算石膏中含水硫酸钙的含量：

$$P_{CaSO_4 \cdot 2H_2O} = \frac{c_{实} \times V \times 8.608 \times M_{CaSO_4 \cdot 2H_2O}}{c_{标} \times m \times 1000} \times 100\%$$

式中，$m$ 为试样的质量，g；$c_{实}$ 为 EDTA 实际浓度，mol/L；$c_{标}$ 为 0.05mol/L；$V$ 为加入 EDTA 标准溶液的体积，mL。

将实验数据记录于表 6-4 中。

表 6-4 石膏中含水硫酸钙的含量测定结果

| 项目 | 第1次 | 第2次 | 第3次 |
| --- | --- | --- | --- |
| 试样质量/g | | | |
| EDTA/mL | | | |
| $CaSO_4 \cdot 2H_2O$ 含量/% | | | |
| $CaSO_4 \cdot 2H_2O$ 含量平均值/% | | | |
| 相对平均偏差/% | | | |

## 六、注意事项

1. 加热溶解时需要放在水浴锅中，温度在 70℃以上，将具塞锥形瓶盖上塞子，防止盐酸挥发。待溶液温度降至室温且溶液颜色澄清透明无不溶性颗粒后，再加入指示剂。

2. 滴定终点判断时，溶液显橙色后要保证 30s 不褪色才能记录数据。

# 七、思考题

1. 滴加指示剂之前为什么要将溶液冷却至室温？温度对指示剂变色点有何影响？
2. 为什么加入氢氧化钾显浅黄色后还要继续加入氢氧化钾？溶液的 pH 值对配位滴定有何影响？

# 第七章
# 沉淀滴定法

## 一、沉淀滴定法基本原理

沉淀滴定法是以沉淀反应为基础的滴定分析方法，又称为容量沉淀法。沉淀滴定法中实际应用最多的为银量法，即利用生成难溶性银盐沉淀的滴定方法。银量法可以用来测定卤离子、类卤离子，如 $Cl^-$、$Br^-$、$I^-$、$CN^-$、$SCN^-$，以及 $Ag^+$ 等离子，也可以测定经处理后定量转化为这些离子的有机化合物。银量法常用的基准物质是硝酸银（$AgNO_3$）和氯化钠（NaCl）。根据确定终点所用指示剂不同，银量法可分为铬酸钾指示剂法、铁铵矾指示剂法及吸附指示剂法。

## 二、沉淀滴定法实验

通过 $AgNO_3$ 和 $NH_4SCN$ 标准溶液的配制与标定实验，学生掌握 $AgNO_3$ 标准溶液和 $NH_4SCN$ 标准溶液的配制和标定方法，深入理解银量法的原理，学会观察与判断铬酸钾作指示剂的滴定终点；大青盐的含量测定实验使学生掌握吸附指示剂沉淀滴定法的原理、操作及计算，并熟悉荧光黄作指示剂判断滴定终点的方法。

### 实验十六　$AgNO_3$ 标准溶液和 $NH_4SCN$ 标准溶液的配制与标定

#### 一、目的要求

1. 掌握 $AgNO_3$ 标准溶液和 $NH_4SCN$ 标准溶液的配制和标定方法。
2. 掌握佛尔哈德法及其注意事项。
3. 熟悉铬酸钾作指示剂的变色原理及正确判断滴定终点的方法。

#### 二、实验原理

**1. 用 NaCl 基准物标定 $AgNO_3$ 溶液**

$AgNO_3$ 标准滴定溶液的配制：因 $AgNO_3$ 为非基准物质，常含有杂质，如金属银、氧化银、游离硝酸、亚硝酸盐等，因此不能用直接法直接配制，必须用间接法配制，即先配成近似浓度的溶液，再用基准物质（NaCl）标定。以 NaCl 作为基准物质，在中性或弱碱性溶液中，用 $AgNO_3$ 溶液滴定，以 $K_2CrO_4$ 作为指示剂，当反应达到化学计量点时，过量的 $Ag^+$ 与 $CrO_4^{2-}$ 反应析出砖红色 $Ag_2CrO_4$ 沉淀，指示滴定终点。

### 2. 用比较法标定 $NH_4SCN$ 标准溶液

因 $NH_4SCN$ 试剂常含有杂质，因此，$NH_4SCN$ 标准溶液必须用间接法制备，同理，即先配成近似浓度的溶液，再用基准物质 $AgNO_3$ 标定或用 $AgNO_3$ 标准溶液"比较"。标定方式可以采用佛尔哈德法直接滴定或返滴定法。直接滴定法以铁铵矾为指示剂，用配好的 $NH_4SCN$ 溶液滴定一定体积的 $AgNO_3$ 标准溶液，由 $[Fe(SCN)]^{2+}$ 配离子的红色指示终点。

## 三、仪器与试剂

### 1. 仪器

分析天平、烘箱、称量瓶、烧杯、锥形瓶、量筒、酸式滴定管等。

### 2. 试剂

硝酸银、氯化钠、硫氰化铵、铁铵矾指示剂、铬酸钾指示剂等。

## 四、实验内容与步骤

### 1. 0.1mol/L $AgNO_3$ 溶液的配制

称取 4g $AgNO_3$ 置于 250mL 烧杯中，加入 100mL 蒸馏水使之溶解，然后移入棕色磨口瓶中，加蒸馏水稀释到 250mL，摇匀，紧塞，避光保存。

### 2. 0.1mol/L $NH_4SCN$ 溶液的配制

取 $NH_4SCN$ 2g 置于 250mL 烧杯中，加入 100mL 蒸馏水使之溶解，然后移入磨口瓶中，加蒸馏水稀释到 250mL，摇匀。

### 3. 0.1mol/L $AgNO_3$ 溶液的标定

取在 270℃ 干燥至恒重的基准 NaCl 0.13g，精密称定，置于 250mL 锥形瓶中，加入 50mL 蒸馏水使之溶解，再加糊精 5mL、铬酸钾指示剂 8 滴，用 0.1mol/L $AgNO_3$ 溶液滴定至溶液呈红色即为终点，平行测定 4 次。

### 4. 0.1mol/L $NH_4SCN$ 溶液的配制

精密量取 0.1mol/L $AgNO_3$ 溶液 25mL，置于 250mL 锥形瓶中，加蒸馏水 20mL、6mol/L $HNO_3$ 溶液 5mL、铁铵矾指示剂 2mL，用 0.2mol/L $NH_4SCN$ 溶液滴定至溶液呈血红色为终点，平行测定 4 次。

## 五、注意事项

1. 配制硝酸银标准溶液的水应无 $Cl^-$。
2. 加入 $HNO_3$ 是为了阻止 $Fe^{3+}$ 的水解，所用硝酸溶液也不应该含有氮的低价氧化物。
3. 标定 0.1mol/L $NH_4SCN$ 溶液时必须强烈振摇。

## 六、数据处理

根据反应方程式中物质的量之比等于计量数之比，进行相应计算。

将实验数据记录于表 7-1 中。

表 7-1　实验数据记录表

| 项目 | 第 1 次 | 第 2 次 | 第 3 次 | 第 4 次 |
| --- | --- | --- | --- | --- |
| （称量瓶＋NaCl）质量/g | | | | |
| （称量瓶＋剩余 NaCl）质量/g | | | | |
| NaCl 质量/g | | | | |
| 消耗 $AgNO_3$ 标准溶液的体积/mL | | | | |
| $AgNO_3$ 标准溶液的浓度/(mol/L) | | | | |
| $NH_4SCN$ 标准溶液的浓度/(mol/L) | | | | |
| $AgNO_3$ 标准溶液浓度的相对平均偏差/% | | | | |
| $NH_4SCN$ 标准溶液浓度的相对平均偏差/% | | | | |

## 七、思考题

1. 根据指示终点的方法不同，硝酸银标准溶液的标定有几种方法？几种方法的滴定条件有何不同？
2. 配制硝酸银溶液前应该检查什么？如何检查？
3. 佛尔哈德法中，能否用 $Fe(NO_3)_2$ 或 $FeCl_3$ 作指示剂？

# 实验十七　大青盐的含量测定

## 一、目的要求

1. 掌握吸附指示剂沉淀滴定法的原理、操作及计算。
2. 掌握荧光黄作指示剂判断滴定终点的方法。

## 二、实验原理

大青盐为卤化物类石盐族湖盐结晶体，主要含氯化钠等化学物质，因此，本方法采用沉淀滴定法测定大青盐中氯化钠的含量。以硝酸银为滴定液，荧光黄为指示剂，根据消耗滴定液的浓度和体积，可计算出被测物质的含量。

反应式：$Ag^+ + Cl^- \longrightarrow AgCl \downarrow$

吸附指示剂滴定终点，若以 $Fl^-$ 代表荧光黄指示剂的阴离子，则变化情况为：

$$(AgCl) \cdot Cl^- \ + \ Fl^- \longrightarrow (AgCl) \cdot Ag^+ \cdot Fl^-$$

    终点前          终点时

    黄绿色          微红色

## 三、仪器与试药

### 1. 仪器

分析天平、称量瓶、锥形瓶、酸式滴定管、量筒等。

### 2. 试剂与试药

硝酸银滴定液（0.1mol/L）、2％糊精溶液、碳酸钙、荧光黄指示液（0.1％乙醇溶液）、大青盐等。

## 四、实验内容与步骤

取本品细粉约0.15g，精密称定，置于锥形瓶中，加水50mL溶解，再加2％糊精溶液10mL、碳酸钙0.1g与0.1％荧光黄指示液8滴，用硝酸银滴定液进行滴定操作，直至浑浊液由黄绿色变为微红色，记录消耗滴定液体积，即得。

## 五、注意事项

1. 配制硝酸银标准溶液的水应无 $Cl^-$，用前应进行检查。
2. 硝酸银及其溶液应放于棕色瓶中并避光保存。
3. 溶液的pH应适当，常用的吸附指示剂多是有机弱酸，而起指示剂作用的是它们的阴离子。因此，溶液的pH应有利于吸附指示剂阴离子的存在。
4. 光线能促进荧光黄对氯化银的分解作用，滴定时应避光或在暗处操作。

## 六、数据处理

按下式计算氯化钠含量：

$$P_{NaCl} = \frac{c_{AgNO_3} V_{AgNO_3} M_{NaCl}}{m \times 100} \times 100\% \qquad M_{NaCl} = 58.44 \text{g/mol}$$

式中，$c_{AgNO_3}$ 为硝酸银标准溶液的浓度，mol/L；$V_{AgNO_3}$ 为消耗滴定液的体积，mL；$M_{NaCl}$ 为氯化钠的摩尔质量，g/mol；$m$ 为试样的质量。

每1mL硝酸银滴定液相当于5.844mg的氯化钠。本法的相对偏差不得超过0.3％。本品含氯化钠不得少于97.0％。

## 七、思考题

1. 标定硝酸银标准溶液时，加入糊精及碳酸钙的目的是什么？
2. 吸附指示剂为何选用荧光黄指示液？

# 第八章
# 氧化还原滴定法

## 一、氧化还原滴定法基本原理

氧化还原滴定法是以氧化还原反应为基础的滴定分析方法。在氧化还原滴定中,涉及氧化剂和还原剂之间的电子转移。氧化剂得到电子被还原,还原剂失去电子被氧化。

氧化还原滴定法广泛应用于测定具有氧化还原性质的物质,如氧化剂、还原剂、金属离子等。常见的方法有高锰酸钾法、重铬酸钾法、碘量法等。这些方法在化学分析、环境监测、药物分析等领域都有重要的应用。

## 二、氧化还原滴定法实验

通过重铬酸钾标准溶液的配制、中药磁石及自然铜中铁的含量测定和维生素 C 注射液的含量测定,学生可以学到以下几个方面:实验可以直观地看到氧化剂和还原剂之间的变化过程,深入理解氧化还原反应原理,明白氧化还原反应的本质。通过标准溶液的滴定来确定未知物质的含量,包括滴定曲线、化学计量点、指示剂的选择等,掌握滴定分析的方法和原理。认识常见的氧化还原滴定剂,如高锰酸钾、重铬酸钾、碘等的性质和应用,熟悉不同的氧化剂和还原剂。

## 实验十八　重铬酸钾标准溶液的配制

### 一、目的要求

1. 掌握重铬酸钾标准溶液的配制方法。
2. 熟悉氧化还原滴定法操作和滴定终点的判断。

### 二、实验原理

重铬酸钾($K_2Cr_2O_7$)是一种常用的氧化剂,在酸性条件下可以将还原性物质氧化。重铬酸钾标准溶液可以用于氧化还原滴定分析中,如测定铁矿石中的铁含量等。

直接法配制：重铬酸钾标准溶液的配制通常采用直接法，即准确称取一定量的重铬酸钾固体（预先在150℃烘干1h），溶解后定容至一定体积，即可得到所需浓度的标准溶液。

间接法配制：重铬酸钾标准溶液的浓度可以用基准物质进行标定。常用基准物质有草酸钠（$Na_2C_2O_4$）等。在酸性条件下，重铬酸钾可以将草酸钠氧化为二氧化碳和硫酸钠，自身被还原为三价铬离子。根据反应中消耗的重铬酸钾的量和草酸钠的质量，可以计算出重铬酸钾标准溶液的浓度。其滴定反应式为：

$$K_2Cr_2O_7 + 7H_2SO_4 + 3Na_2C_2O_4 =\!=\!= Cr_2(SO_4)_3 + 3Na_2SO_4 + K_2SO_4 + 7H_2O + 6CO_2\uparrow$$

终点的确定：虽然 $K_2Cr_2O_7$ 本身显橙色，但其还原产物 $Cr^{3+}$ 显绿色，严重影响橙色的观察，故不能用自身指示终点，常用二苯胺磺酸钠作指示剂。$K_2Cr_2O_7$ 标准溶液非常稳定，可长期保存使用。

应用：$K_2Cr_2O_7$ 标准溶液可以测定 $Fe^{2+}$、$Na^+$、化学需氧量（COD）及土壤中有机质和某些有机化合物的含量。

## 三、实验仪器与试剂

### 1. 仪器

分析天平、容量瓶、移液管、滴定管、锥形瓶、烧杯等。

### 2. 试剂

重铬酸钾（AR）、草酸钠（基准物质）、硫酸（AR）、蒸馏水等。

### 3. 试液

2mol/L $H_2SO_4$。

## 四、实验内容与步骤

### 1. 直接法配制 0.1mol/L $K_2Cr_2O_7$ 标准溶液

精密称取恒重后 $K_2Cr_2O_7$（预先在150℃烘干1h）14.71g，放入干燥的烧杯中。用适量的蒸馏水，搅拌使重铬酸钾完全溶解。将溶解后的溶液转移至500mL容量瓶中，用蒸馏水多次洗涤烧杯，将洗涤液也转移至容量瓶中。用蒸馏水稀释至刻度线，摇匀，即得。

### 2. 间接法配制 0.1mol/L $K_2Cr_2O_7$ 标准溶液

用烧杯在托盘天平上迅速称取固体 $K_2Cr_2O_7$ 14.71g，立即用蒸馏水500mL溶解，贮存于玻璃瓶中，充分摇匀，备用。

0.1mol/L $K_2Cr_2O_7$ 溶液的标定：精密称取 3 份已在 105～110℃干燥至恒重的基准试剂草酸钠，每份 0.1340～0.1674g，分别置于 250mL 锥形瓶中，用 50mL 蒸馏水使之溶解后，加入 1mL 浓硫酸，滴定前加入 2～5 滴二苯胺磺酸钠作指示剂，用 $K_2Cr_2O_7$ 待标溶液滴定至溶液呈紫色并保持 30s 内不褪色即为滴定终点。根据消耗 $K_2Cr_2O_7$ 溶液的体积计算其浓度。

## 五、注意事项

1.直接配制标准溶液时需恒重。重铬酸钾易于提纯，纯品在 150℃干燥至恒重后，直接精密称取一定量配制成标准溶液。通常重铬酸钾作为氧化剂，其浓度的准确性对反应结果至关重要。

2.称量需要规范且精密称量。

3.在操作过程中，应确保实验所用玻璃器皿洁净。玻璃器皿上如果残留有其他物质，可能会与反应物或滴定剂发生反应，或者影响溶液的浓度等，从而导致实验误差。溶解转移应该完全，保证没有损失。

4.应注意安全防护。重铬酸钾具有毒性和致癌性，是一种强氧化剂，与还原剂、有机物、易燃物（如硫、磷或金属粉等）混合可形成爆炸性混合物。在实验操作过程中，要避免重铬酸钾与这些物质接触，防止发生意外事故。同时，操作人员应佩戴适当的防护手套、护目镜等防护装备，避免直接接触重铬酸钾溶液，防止其对皮肤、眼睛等造成伤害。

## 六、数据处理

直接法配制重铬酸钾标准溶液的浓度计算：

$$c_{K_2Cr_2O_7} = \frac{m_{K_2Cr_2O_7} \times 1000}{V_{K_2Cr_2O_7} \times M_{K_2Cr_2O_7}}$$

$$M_{K_2Cr_2O_7} = 294.19 \text{g/mol}$$

式中，$m_{K_2Cr_2O_7}$ 为 $K_2Cr_2O_7$ 的称样量，mg；$V_{K_2Cr_2O_7}$ 为 $K_2Cr_2O_7$ 溶液的体积，mL。

间接法配制重铬酸钾标准溶液的浓度计算：

$$c_{K_2Cr_2O_7} = \frac{m_{Na_2C_2O_4} \times 3 \times 1000}{V_{K_2Cr_2O_7} \times M_{Na_2C_2O_4}}$$

$$M_{K_2Cr_2O_7} = 294.19 \text{g/mol}$$

式中，$m_{Na_2C_2O_4}$ 为 $Na_2C_2O_4$ 的称样量，mg；$V_{K_2Cr_2O_7}$ 为消耗 $K_2Cr_2O_7$ 溶液的体积，mL。

## 七、思考题

1.实验中影响重铬酸钾标准溶液浓度准确性的因素有哪些？

2.如何提高间接法配制重铬酸钾标准溶液实验的准确性？

# 实验十九　中药磁石中铁的含量测定

## 一、实验目的

1. 掌握重铬酸钾滴定法测定中药磁石中铁含量的原理和方法。
2. 熟悉重铬酸钾滴定法操作。

## 二、实验原理

中药磁石为氧化物类矿物尖晶石族磁铁矿,主要含四氧化三铁($Fe_3O_4$)。

在酸性介质中,使用氯化亚锡($SnCl_2$)将中药磁石中的铁(通常以$Fe^{3+}$形式存在)还原为亚铁离子($Fe^{2+}$),使铁元素处于易于测定的价态。再以钨酸钠溶液作为指示剂,用三氯化钛将剩余的$Fe^{3+}$全部还原为$Fe^{2+}$。$Fe^{3+}$全部还原为$Fe^{2+}$之后,过量1~2滴三氯化钛将溶液中的钨酸钠还原为五价钨化物,俗称"钨蓝",故指示溶液呈蓝色。

$$Sn^{2+} + 2Fe^{3+} = Sn^{4+} + 2Fe^{2+}$$
$$Fe^{3+} + Ti^{3+} + H_2O = Fe^{2+} + TiO^{2+} + 2H^+$$

以重铬酸钾($K_2Cr_2O_7$)标准溶液作为滴定剂,对还原后的亚铁离子进行滴定。在滴定过程中,重铬酸钾作为氧化剂与亚铁离子发生氧化还原反应,生成三价铬离子和铁离子。

$$6Fe^{2+} + Cr_2O_7^{2-} + 14H^+ = 6Fe^{3+} + 2Cr^{3+} + 7H_2O$$

## 三、仪器与试剂

### 1. 仪器

分析天平、台秤、称量瓶、锥形瓶、量筒、表面皿、酸式滴定管等。

### 2. 试剂与试药

磁石试样、盐酸、重铬酸钾标准溶液、25%氟化钾溶液、6%氯化亚锡溶液、25%钨酸钠溶液、1%三氯化钛溶液、硫磷混酸(硫酸、磷酸与水体积比为2∶3∶5)、二苯胺磺酸钠指示液等。

## 四、实验内容与步骤

取磁石试样约0.25g,精密称定,置锥形瓶中,加盐酸15mL与25%氟化钾溶液3mL,盖上表面皿,加热至微沸。滴加6%氯化亚锡溶液,不断摇动,待分解完全,瓶底仅留白色残渣时,取下。用少量水冲洗表面皿及瓶内壁,趁热滴加6%氯化亚锡溶液至显浅黄色,加水100mL与25%钨酸钠溶液15滴,并滴加1%三氯化钛溶液至显蓝色,再小心滴加重铬酸钾滴定液(0.01667mol/L)至蓝色刚好褪尽,立即加硫磷混酸 10mL 与二苯胺磺酸钠指示液 5 滴，用重铬酸钾滴定液（0.01667mol/L）滴定至溶液显稳定的蓝紫色。平行测定 3 次。

## 五、注意事项

1. 溶解过程温度应保持 80~90℃，温度低则溶解慢、溶解不完全，温度高则 $FeCl_3$ 挥发。

2. 用 $SnCl_2$ 溶液还原 $Fe^{3+}$ 时，溶液温度不能太低，否则还原 $Fe^{3+}$ 速度慢，黄色褪去不易观察，使 $SnCl_2$ 过量过多，在下步中不易完全除去。

3. 二苯胺磺酸钠指示剂能消耗一定量的 $K_2Cr_2O_7$，故不能多加。

## 六、数据处理及记录

根据终点时消耗重铬酸钾标准溶液的体积，按下式计算铁的含量：

$$铁含量 = \frac{c_{K_2Cr_2O_7} V_{K_2Cr_2O_7} M_{Fe} \times 6}{m \times 1000} \times 100\%$$

式中，$c_{K_2Cr_2O_7}$ 为 $K_2Cr_2O_7$ 的浓度，mol/L；$V_{K_2Cr_2O_7}$ 为消耗重铬酸钾标准溶液的体积；$M_{Fe}$ 为 Fe 的摩尔质量，g/mol；$m$ 为试样的质量，g。

实验数据记录于表 8-1 中。

表 8-1　实验数据记录表

| 项目 | 第 1 次 | 第 2 次 | 第 3 次 |
| --- | --- | --- | --- |
| （称量瓶＋试样）质量/g | | | |
| （称量瓶＋剩余试样）质量/g | | | |
| 试样质量/g | | | |
| 试样消耗 $K_2Cr_2O_7$ 标准溶液体积/mL | | | |
| $K_2Cr_2O_7$ 标准溶液浓度/(mol/L) | | | |
| 铁的含量/% | | | |
| 相对平均偏差/% | | | |

## 七、思考题

1. 测定磁石中铁含量时，为什么氯化亚锡要趁热滴定？
2. 在实验过程中，滴定前为什么需要加入硫磷混酸？

# 实验二十　中药自然铜中铁的含量测定

## 一、实验目的

1. 熟悉 $K_2Cr_2O_7$ 滴定法测定中药自然铜中铁含量的原理及计算。
2. 掌握 $K_2Cr_2O_7$ 滴定法的规范操作。

## 二、实验原理

自然铜是一种硫化物类矿物黄铁矿，主要成分是二硫化铁（$FeS_2$）。

自然铜中，Fe和S之间由配位键结合，S—S键以共价键存在，极性很小，即非离子状态存在。自然铜煅制过程是黄铁矿中主成分$FeS_2$向$Fe_1$-XS不断转化的过程，$Fe_1$-XS主要显示的是FeS的性质，而FeS中铁硫配位键倾向于离子键，极性较$FeS_2$大，易于解离形成铁离子，与此同时多余的S被氧化而形成$SO_2$排除，减少了S对滴定的干扰。

煅制后的样品，加入盐酸和氟化钾后，形成的氢氟酸在加热的情况下能够很好地溶解$Fe_1$-XS和还原$Fe^{3+}$，在热的盐酸溶液中滴加氯化亚锡使还原加速，还原了大部分$Fe^{3+}$。为了有效控制氯化亚锡的用量，加入氯化亚锡使溶液呈淡黄色（说明这时尚有少量$Fe^{3+}$），加入三氯化钛溶液，使其少量剩余的$Fe^{3+}$均被还原成$Fe^{2+}$。为了使反应完全，加入的三氯化钛溶液要过量，因此选用钨酸钠溶液作为控制三氯化钛溶液过量的指示剂，这是由于稍过量的三氯化钛可使原本无色的钨酸钠指示剂变为蓝色，即还原为钨蓝，并用稀的重铬酸钾滴定液滴定至钨蓝恰消失，从而指示样品预还原的终点。主要反应如下：

$$HCl + KF = HF + KCl$$
$$Fe + 2HF = FeF_2 + H_2$$
$$Fe_2O_3 + 6HCl = 2FeCl_3 + 3H_2O$$
$$Sn^{2+} + 2Fe^{3+} = Sn^{4+} + 2Fe^{2+}$$
$$Fe^{3+} + Ti^{3+} + H_2O = Fe^{2+} + TiO^{2+} + 2H^+$$
$$6Fe^{2+} + Cr_2O_7^{2-} + 14H^+ = 6Fe^{3+} + 2Cr^{3+} + 7H_2O$$

## 三、实验仪器与试剂

### 1. 仪器

分析天平、台秤、坩埚、称量瓶、锥形瓶、表面皿、量筒、酸式滴定管等。

### 2. 试剂与试药

自然铜试样、盐酸、重铬酸钾标准溶液、25%氟化钾溶液、6%氯化亚锡溶液、25%钨酸钠溶液、1%三氯化钛溶液、硫磷混酸（硫酸、磷酸与水体积比为2∶3∶5）、0.5%二苯胺磺酸钠指示液等。

## 四、实验内容与步骤

取自然铜试样约0.25g，精密称定，置瓷坩埚中，在650℃灼烧约30min，取出，放冷。将灼烧物转移至锥形瓶中，加盐酸15mL与25%氟化钾溶液3mL，盖上表面皿，加热至微沸。滴加6%氯化亚锡溶液，不断振摇，待分解完全，瓶底仅留白色残渣时，用少量水洗涤表面皿及瓶内壁，趁热滴加6%氯化亚锡溶液至显浅黄色（如氯化亚锡过量,可滴加高锰酸钾试液至显浅黄色),加水 100mL 与 25％ 钨酸钠溶液 15 滴,并滴加 1％三氯化钛溶液至显蓝色,再小心滴加重铬酸钾滴定液(0.01667mol/L)至蓝色刚好褪尽,立即加硫磷混酸 10mL 与 0.5％ 二苯胺磺酸钠溶液 10 滴,用重铬酸钾滴定液(0.01667mol/L)滴定至溶液显稳定的蓝紫色。平行测定 3 次。

## 五、注意事项

1. 样品还原时所加氯化亚锡应趁热加入,可使反应迅速,淡黄色以近鸡蛋清色为准,不要过量,这样做样品测定结果平行性更好。如过量,则溶液变为白色,可滴加高锰酸钾溶液使成淡黄色,进行下一步实验。

2. 三氯化钛加入量亦不宜过多,过量太多易使滴定时溶液出现混浊,不利于滴定终点的观察。三氯化钛与钨酸钠反应形成"钨蓝"的快慢与反应温度有关,温度太低时反应速度太慢,温度太高时使 $Fe^{2+}$ 变为 $Fe^{3+}$,影响滴定结果,一般控制在室温。

## 六、数据处理及记录

根据终点时消耗重铬酸钾标准溶液的体积,按下式计算铁的含量:

$$铁含量 = \frac{c_{K_2Cr_2O_7} V_{K_2Cr_2O_7} M_{Fe} \times 6}{m \times 1000} \times 100\%$$

式中,$c_{K_2Cr_2O_7}$ 为 $K_2Cr_2O_7$ 的浓度,mol/L;$V_{K_2Cr_2O_7}$ 为消耗重铬酸钾标准溶液的体积,mL;$M_{Fe}$ 为 Fe 的摩尔质量,g/mol;$m$ 为试样的质量,g。

实验数据记录于表 8-2 中。

表 8-2 实验数据记录表

| 项目 | 第 1 次 | 第 2 次 | 第 3 次 |
| --- | --- | --- | --- |
| (称量瓶+试样)质量/g | | | |
| (称量瓶+剩余试样)质量/g | | | |
| 试样质量/g | | | |
| 试样消耗 $K_2Cr_2O_7$ 标准溶液体积/mL | | | |
| $K_2Cr_2O_7$ 标准溶液浓度/(mol/L) | | | |
| 铁的含量/％ | | | |
| 相对平均偏差/％ | | | |

## 七、思考题

1. 先用 $SnCl_2$ 和 $TiCl_3$ 作还原剂的目的是什么?若不慎加入过量的 $SnCl_2$ 或 $TiCl_3$ 怎么办?

2. 怎样合理配置标准溶液?如要久置,则应如何配置?

# 实验二十一 维生素C注射液的含量测定

## 一、目的要求

1. 掌握直接碘量法测定维生素C含量的原理和操作。
2. 掌握滴定法测定注射剂中维生素C含量的计算方法。

## 二、实验原理

维生素C在醋酸酸性条件下，可被碘定量氧化。根据消耗碘滴定液的体积即可计算维生素C的含量，反应式如下：

$$\text{维生素C} + I_2 \xrightarrow{H^+} \text{脱氢维生素C} + 2HI$$

《中国药典》要求本品"含维生素C（$C_6H_8O_6$）应为标示量的93.0%～107.0%"。

## 三、仪器与试药

### 1. 仪器

移液管、酸式滴定管、量筒、锥形瓶等。

### 2. 试剂与试药

碘滴定液（0.05mol/L）、丙酮、稀醋酸、淀粉指示液、维生素C注射液等。

## 四、实验步骤

取维生素C注射液5支（标示装量大于2mL的取3支）混合均匀，精密量取本品适量（约相当于维生素C 0.2g），加水15mL与丙酮2mL，摇匀，放置5min，加稀醋酸4mL与淀粉指示液1mL用碘滴定液（0.05mol/L）滴定，至溶液显蓝色并持续30s不褪。每1mL碘滴定液（0.05mol/L）相当于8.806mg的$C_6H_8O_6$。

## 五、数据处理

根据终点时消耗碘标准溶液的体积，按下列计算维生素C的含量：

$$\text{标示量} = \frac{\text{测得样品浓度}}{\text{标示浓度}} \times 100\%$$

$$= \frac{TVF}{V_s \times \text{标示浓度}} \times 100\%$$

式中，$T$为滴定度，mg/mL；$F$为滴定液浓度校正因子；$V$为样品消耗滴定液的体积，mL；$V_s$为量取供试品体积，mL。

本品含维生素C（$C_6H_8O_6$）应为标示量的93.0%～107.0%。

## 六、注意事项

1. 操作中加入稀醋酸使滴定在酸性溶液中进行。因在酸性介质中维生素 C 受空气中氧的氧化速度减慢，操作时应该加快滴定速度。
2. 滴定时应当加入新沸过的冷水，目的是减少水中溶解的氧对测定的影响。
3. 加入丙酮的目的是消除维生素 C 注射剂中抗氧剂亚硫酸氢钠对测定的影响。

## 七、思考题

1. 为了排除实验条件对维生素 C 含量测定的影响，还可以采取哪些办法？
2. 除滴定法外，测定维生素 C 注射液含量还有哪些方法？
3. 本实验可以不用碘量瓶，为什么？

## 八、附注

### 1. 碘滴定液（0.05mol/L）

**【配制】** 取碘 13.0g，加碘化钾 36g 与水 50mL 溶解后，加盐酸 3 滴与水适量使成 1000mL，摇匀，用垂熔玻璃滤器滤过。

**【标定】** 精密量取本液 25mL，置碘瓶中，加水 100mL 与盐酸溶液（9→100）1mL，轻摇混匀，用硫代硫酸钠滴定液（0.1mol/L）滴定至近终点时，加淀粉指示液 2mL，继续滴定至蓝色消失。根据硫代硫酸钠滴定液（0.1mol/L）的消耗量，算出本液的浓度，即得。

**【贮藏】** 置玻璃塞的棕色玻瓶中，密闭，在阴凉处保存。

### 2. 淀粉指示液

取可溶性淀粉 0.5g，加水 5mL 搅匀后，缓缓倾入 100mL 沸水中，边加边搅拌，继续煮沸 2min，放冷，倾取上层清液，即得。本液应临用新制。

### 3. 稀醋酸

取冰醋酸 60mL，加水稀释至 1000mL，即得。

### 4. 硫代硫酸钠滴定液（0.1mol/L）

**【配制】** 取硫代硫酸钠（$Na_2S_2O_3 \cdot 5H_2O$）26g 与无水碳酸钠 0.20g，加新沸过的冷水适量使溶解并稀释至 1000mL，摇匀，放置 1 个月后滤过。

**【标定】** 取在 120℃ 干燥至恒重的基准重铬酸钾 0.15g，精密称定，置碘瓶中，加水 50mL 使溶解，加碘化钾 2.0g，轻轻振摇使溶解，加稀硫酸 40mL，摇匀，密塞；在暗处放置 10min 后，加水 250mL 稀释，用本液滴定至近终点时，加淀粉指示液 3mL，继续滴定至蓝色消失而显亮绿色，并将滴定的结果用空白试验校正。每 1mL 硫代硫酸钠滴定液（0.1mol/L）相当于 4.903mg 的重铬酸钾。根据硫代硫酸钠滴定液的消耗量与重铬酸钾的取用量，算出硫代硫酸钠滴定液的浓度，即得。室温在 25℃ 以上时，应将反应液及稀释用水降温至约 20℃。

# 第二部分　仪器分析实验

# 第九章
# 仪器分析实验一般知识

## 一、仪器分析实验的要求

　　仪器分析是指采用比较复杂或特殊的仪器设备，通过测量物质的某些物理或物理化学性质参数及其变化来获取物质的化学组成、成分含量及化学结构等信息的一类方法，由于这类方法通常需要使用特殊的仪器，故名"仪器分析"。仪器分析实验是学生在教师的指导下，以分析仪器为工具，获取所需物质化学组成和结构等信息的教学实验活动。仪器分析实验的内容包括常见仪器分析方法的基本原理、仪器设备的使用和维护、仪器分析实验基本操作、仪器主要参数、实验条件选择与设定、各种仪器分析方法的实践与应用。

　　1.实验前要求操作者预习实验教材，明确实验的目的要求、基本原理、方法与步骤及注意事项等，要详细阅读仪器使用说明书，实验时严守操作规程，保证实验安全，操作准确无误。实验者要准备好记录本，在记录本上拟定好实验方案和操作步骤，预先记录必要常数与计算公式。认真思考实验时应注意的事项。

　　2.实验过程中认真听取教师对仪器使用的讲解，积极好问，认真观察实验现象，准确记录实验数据与测定结果。注意手脑并用，积极思考，善于发现和解决实验过程中出现的问题，养成良好的实验习惯。

　　3.实验中发现异常情况或遇到故障应及时排除，实验者本人不能排除时，应立即报告实验指导教师或工作人员，及时采取措施处理。

　　4.实验过程中，应保持安静，保持实验场所整洁。人人都应遵守实验室规范，养成良好的科学态度和实验习惯。使用药品、试剂、水、电、气等都应本着节约原则，不得浪费。

　　5.实验结束后按要求关好水、电、气，把仪器复原。打扫好室内卫生，结束工作检查合格后，方可离开实验室。

　　6.实验完成后应按要求撰写实验报告，实验报告要忠于原始数据，不得涂改数据，培养实事求是、认真严谨的实验态度。

## 二、仪器分析实验室安全知识

　　在仪器分析实验中，使用具有腐蚀性、易燃、易爆或有毒的化学试剂等，因此在实验室安全方面，主要应预防燃气、高压气体、高压电源、易燃易爆化学品等可能产生的火灾及爆炸事故。为确保实验的正常进行和人身安全，学生进入实验室后必须严格遵守实验室的安全守则，并熟悉安全知识。

1. 未经实验室管理人员许可，任何人不许随意动用实验室的仪器设备。

2. 实验人员应严格遵守各项规章制度和工作流程，按照标准操作规程操作仪器和进行检测工作，在进行实验操作时应遵守"认真操作，爱护仪器，数据真实"的原则。

3. 凡使用贵重、大型精密仪器及压力容器或电器设备，使用人员必须遵守操作规章，要坚守岗位，发现问题及时处理，因不听指导或违反操作规程导致仪器设备损坏，要追究当事人责任，并按有关规定给以必要的处罚。

4. 实验人员必须掌握仪器设备工作原理、性能、操作，熟悉实验材料、药品性质，负责做好仪器设备的保管、使用、维修，药品的使用、回收、处理等工作。

5. 仪器设备使用必须进行详细登记，包括仪器的型号和状态等信息，必须在实验员监督下进行仪器状态验收。

6. 实验完毕后，应做好实验记录，清扫地面和操作台，并将仪器设备擦拭干净，做好防尘防锈工作。

# 三、样品前处理方法

样品前处理指样品的制备和对样品采用适当分解和溶解方法，对待测组分进行提取、净化、浓缩的过程，使被测组分转变成可测定的形式以进行定性、定量分析检测。若选择的前处理手段不当，常常会导致某些组分损失、干扰组分的影响因素不能完全除去或引入杂质。

对于测定各类样品中的无机元素，一般需要先破坏样品中的有机物质。选用何种方法，在某种程度上取决于分析元素和被测定样品的基本性质。本节主要介绍几种常用的前处理方法。

### 1. 干法灰化

样品一般先经 100～105℃ 干燥，除去水分及挥发性物质。灰化温度及时间需要选择，一般灰化温度为 450～600℃。通常将盛有样本的坩埚（一般可采用铂金坩埚、陶瓷坩埚等）放入马弗炉内进行灰化灼烧完全，只留下不挥发的无机残留物。这种方法最主要的缺点是转变成挥发性形式的成分会很快地部分或全部损失。

灰化温度不宜过低，温度低则灰化不完全，残存的小炭粒易吸附金属元素，很难用稀酸溶解，造成结果偏低；灰化温度过高，则损失严重。药物分析中多采用高温干灰化法，一般控制在 500～600℃ 进行干法灰化，温度若高于 600℃ 会引起样品损失。

### 2. 湿法消解

湿法消解属于氧化分解法。用液体或液体与固体混合物作氧化剂，在一定温度下分解样品中的有机质，此过程称为湿法消解。湿法消解是依靠氧化剂的氧化能力来分解样品，温度并不是主要因素。常用的氧化剂有 $HNO_3$、$H_2SO_4$、$HClO_4$ 等。湿法消解又分为稀酸消解法、浓酸消解法和混合酸消解法。

### 3. 熔融分解法

某些样品用酸或碱不能分解或分解不完全，常采用熔融分解法。熔融分解法将试样和溶剂在坩埚中混匀，于500～900℃的高温下进行熔融分解。利用熔融分解试样一般是复分解反应，通常也是可逆反应，因此必须加入过量的溶剂，以利于反应的进行。

熔融分解法按所用溶剂的性质分为酸熔和碱熔两类。酸熔采用的酸性溶剂为钾（钠）的酸性硫酸盐、焦硫酸盐及酸性氟化物等，碱熔采用的碱性溶剂为碱金属的碳酸盐、硼酸盐、氢氧化钠及过氧化物等。

对于酸熔，一般使用玻璃容器，若用氢氟酸时，应采用聚四氟氯乙烯坩埚，但处理样品温度不能超过250℃；若温度更高，则需使用铂坩埚。对于碳酸盐、硫酸盐、氟化物以及硼酸盐等样品，则应使用铂金坩埚；对于氧化物、氢氧化物以及过氧化物，宜使用石墨坩埚和刚玉坩埚。

## 四、仪器实验注意事项

仪器分析实验涉及电子分析天平、紫外-可见分光光度计、气相色谱仪、高效液相色谱仪等精密/贵重仪器，因此在进行实验时应注意以下事项。

1. 在使用仪器前，应熟悉仪器的结构、功能和操作程序等基础知识，认真听教师讲解仪器使用方法，严格按仪器的操作规程进行。

2. 精密仪器使用前需要按照说明书校准，所有精密仪器使用前需预热半小时以上，分析仪器需水平摆放。

3. 实验过程中避免腐蚀性或有毒试剂沾在皮肤或衣物上。有不清楚之处，应立即报告指导教师妥善处理。对于实验中涉及的精密仪器，如微量注射器、色谱柱等，应注意避免损坏。

4. 未经指导教师许可，任何人不许随意搬动或拆卸实验室的仪器设备或仪器部件。

5. 实验结束后，打扫卫生，清洁使用的器皿，按规范关闭仪器或计算机，罩上仪器防尘罩，做好仪器使用情况登记。

# 第十章
# 紫外-可见分光光度法

## 一、紫外-可见分光光度法基本原理

当一束平行的单色光通过均匀的吸光物质时,吸光度与吸光物质的浓度和厚度成正比,即朗伯-比尔定律,这是吸收光谱法定量的理论依据,其关系式如下:

$$A = EcL$$

式中,$A$ 为吸收度;$E$ 为吸光系数;$c$ 为吸光物质的浓度;$L$ 为吸光物质的液层厚度。

紫外-可见分光光度法是根据物质分子对波长为 200~800nm 这一范围的电磁波的吸收特性所建立的光谱分析方法。其主要特点为:灵敏度高,可达 $10^{-4} \sim 10^{-7}$ g/mL;准确度高,相对误差一般在 0.5% 以内。药品、食品等样品含有紫外吸收的成分或本身有颜色的成分,在一定的浓度范围内,其溶液的吸光度与浓度符合朗伯-比尔定律,均可用此法进行分析。本法适用于大类成分的含量测定,如总黄酮、总蒽醌、总生物碱、总多糖等。

## 二、紫外-可见分光光度法实验

通过 $KMnO_4$ 溶液吸收曲线的测绘实验,学生掌握绘制药物吸收曲线的方法,理解吸收曲线的含义及应用;测定芦丁的标准曲线,要求学生掌握标准曲线的测定和绘制方法及要求、注意事项等,为定量分析奠定基础;维生素 $B_{12}$ 注射液的定性鉴别与含量测定实验,让学生对紫外-可见分光光度法用于定性和定量分析有明确认识;水中微量铁的测定使学生进一步掌握标准曲线法测定金属元素的含量,并了解设计性实验方案的内容及要求;淫羊藿药材中总黄酮的含量测定为综合性实验,从供试液制备,到中药有效成分含量的测定及计算,促进学生掌握紫外-可见分光光度法。一枝黄花药材中总黄酮的含量测定为创新性实验,测定茶多酚、魔芋总多糖、刺梨总黄酮等实验对学生的创新思维和科研基本素质进行训练,使学生掌握建立紫外-可见分光光度法测定中药及食品中总成分含量的方法和思路。

# 实验二十二　$KMnO_4$ 溶液吸收曲线的测绘

## 一、实验目的

1. 掌握紫外-可见分光光度计的使用方法及注意事项。
2. 掌握测定及绘制药物吸收曲线的方法。

## 二、实验原理

在紫外-可见光区，物质对光的吸收主要是分子中的电子能级跃迁所致，同时伴随着分子的转动和振动能级的变化，因此电子吸收光谱一般比较简单、平缓。紫外吸收光谱能表征化合物的显色基团和显色分子母核，作为化合物的定性依据，相同的物质在相同条件下测定，其紫外吸收光谱一定相同。若溶剂不变，化合物吸收曲线的特征参数 $\lambda_{max}$、$\lambda_{min}$、$\lambda_{sh}$ 为一定值，且数目也一定，是鉴别化合物的有力依据。

测绘物质的吸收曲线，有助于"吸收最大、干扰最小"测量波长的选择，从而减小由于测量波长选择不当所导致的含量测定误差。

## 三、仪器与试药

### 1. 仪器

紫外-可见分光光度计、量瓶、滴管等。

### 2. 试剂与试药

$KMnO_4$ 溶液、水。

## 四、实验内容与步骤

1. 取 0.1mol/L $KMnO_4$ 的水溶液，作为试样溶液。
2. 将此被测溶液与空白溶液（水）分别盛装于 1cm 厚的吸收池中，放置在仪器的吸收池架上，按仪器使用方法进行操作。
3. 从仪器波长范围的上限（或下限）开始，每隔 10nm 测量一次，在吸收峰和吸收谷处，每隔 2nm 测量一次，每次测量均需用空白调节 100% 透光率或吸光度，然后读取测定溶液的透光率（或吸光度），记录不同波长处的测定值。
4. 以波长为横坐标、吸光度为纵坐标作图，并连成曲线，即得吸收曲线。
5. 找出 $KMnO_4$ 的最大吸收波长、最小吸收波长。

## 五、数据记录与处理

将 $KMnO_4$ 吸收曲线测定结果记录于表 10-1 中。

表 10-1 KMnO$_4$ 吸收曲线测定结果

| 编号 | 波长/nm | 吸光度（A） |
|---|---|---|
|  |  |  |
|  |  |  |
|  |  |  |
|  |  |  |

以波长为横坐标、吸光度为纵坐标绘制吸收曲线。

## 六、注意事项

1. 严格按仪器的操作要求进行实验。
2. 每调整一次波长均需用空白重新调节 100% 透光率或吸光度。
3. 注意吸收池应配对使用。
4. 绘制吸收曲线时应为平滑曲线，而不要绘制成折线状。

## 七、思考题

1. 单色光不纯对测定吸收曲线有什么影响？
2. 不同紫外-可见分光光度计上测得的吸收曲线是否一样？为什么？

# 实验二十三　分光光度法测定芦丁的标准曲线

## 一、目的要求

1. 掌握测定及绘制药物吸收曲线的方法。
2. 掌握紫外-可见分光光度计的使用方法。

## 二、实验原理

芦丁为黄酮苷类成分，在紫外区有两个吸收带，分别是峰带 Ⅰ（300～400nm）和峰带 Ⅱ（220～280nm），能与 $Al^{3+}$ 生成黄色配合物，提高专属性，且在乙酸-乙酸钠缓冲溶液条件下显色较稳定，于 418nm 波长处吸收最大，干扰最小。

配制一系列不同浓度的芦丁对照品溶液，分别加入显色剂显色后，在波长 418nm 处测定吸光度。以芦丁的浓度为横坐标，吸光度为纵坐标，绘制标准曲线，进行相关与回归分析，求出回归方程及相关系数。

## 三、仪器与试药

### 1. 仪器

分析天平、紫外-可见分光光度计、10mL 容量瓶、1.0mL 吸量管、2.0mL 吸量管、吸耳球、洗瓶、胶头滴管、烧杯、标签纸、坐标纸等。

## 2. 试剂与试药

三氯化铝、乙酸、乙酸钠、乙醇等均为分析纯，重蒸水，芦丁对照品（供含量测定用）。

## 四、实验内容与步骤

### 1. 对照品溶液的制备

取芦丁对照品适量干燥至恒重，精密称取适量，置容量瓶中，加70％乙醇适量，溶解，加70％乙醇稀释至刻度，摇匀，制成每1mL中含芦丁0.4mg的对照品溶液。

### 2. 显色剂溶液的制备

0.1mol/L $AlCl_3$ 溶液的制备：称取 $AlCl_3$ 1.340g，加水溶解成100mL溶液，即得。

$CH_3COONa$-$CH_3COOH$ 缓冲溶液的制备：取一定量的 0.2mol/L $CH_3COONa$ 溶液（称取 2.720g $CH_3COONa \cdot 3H_2O$，加水溶解成100.00mL溶液）加入 0.2mol/L $CH_3COOH$ 溶液（取1.15mL冰醋酸加水稀释至100.00mL）调节pH至5.2，即得。

### 3. 标准曲线的绘制

分别精密量取 0.4mg/mL 芦丁对照品溶液 0.2mL、0.3mL、0.4mL、0.5mL、0.6mL、0.7mL 于 10mL 容量瓶中，加 0.1mol/L $AlCl_3$ 溶液 0.5mL 和 $CH_3COONa$-$CH_3COOH$ 缓冲溶液（pH5.2）2.0mL，用70％乙醇稀释至刻度，摇匀，显色20min后测定。同法制作空白，在波长418nm测定吸光度。以芦丁浓度为横坐标、吸光度为纵坐标，绘制标准曲线。

## 五、数据处理及记录

以芦丁浓度为横坐标、吸光度为纵坐标，在电脑上采用软件绘制标准曲线，计算回归方程及相关系数。将实验数据记录于表10-2中。

表10-2 实验报告记录表

| 编号 | 芦丁浓度/(mg/mL) | 吸光度1 | 吸光度2 | 吸光度3 | 平均吸光度 |
| --- | --- | --- | --- | --- | --- |
| 1 | | | | | |
| 2 | | | | | |
| 3 | | | | | |
| 4 | | | | | |
| 5 | | | | | |
| 6 | | | | | |
| 回归方程 | | | | | |
| 相关系数 | | | | | |
| 线性范围 | | | | | |

## 六、注意事项

1. 严格按仪器方法要求进行实验。
2. 设计的对照品溶液浓度与吸光度有关,应尽量减小测量误差。
3. 注意吸收池应配对使用。
4. 注意配制不同浓度对照品溶液时,应规范操作。

## 七、思考题

1. 试述标准曲线法的优点。
2. 影响显色反应的因素有哪些?

# 实验二十四　维生素 $B_{12}$ 注射液的定性鉴别与含量测定

## 一、目的要求

1. 掌握分光光度法的定性鉴别方法和吸光系数定量方法。
2. 熟悉紫外-可见分光光度计的操作方法。
3. 了解百分含量、标示量及稀释度等计算方法。

## 二、实验原理

维生素 $B_{12}$ 是一类含钴的卟啉类化合物,具有很强的生理作用,可治疗恶性贫血等疾病。维生素 $B_{12}$ 不是单一的一种化合物,共有 7 种。通常所说的维生素 $B_{12}$ 是指其中的氰钴素,为深红色吸湿性结晶,制成注射液其标示含量有每 1mL 含 50μg、100μg 或 500μg 维生素 $B_{12}$ 等规格。

维生素 $B_{12}$ 的水溶液在 278nm、361nm 与 550nm 三波长处有最大吸收。《中国药典》规定,在 361nm 波长处的吸光度与 278nm 波长处的吸光度的比值应为 1.70~1.88;361nm 波长处的吸光度与 550nm 波长处的吸光度比值在 3.15~3.45 范围内,均为定性鉴别依据。《中国药典》规定,取供试品溶液,在 361nm 处测定吸光度,按吸收系数 $E_{1cm}^{1\%}$ 为 207 计算含量及标示量。

## 三、仪器与试药

### 1. 仪器

紫外-可见分光光度计、石英吸收池、吸量管(5mL)、容量瓶(10mL)、吸耳球等。

### 2. 试剂与试药

维生素 $B_{12}$ 注射液、水。

## 四、实验内容与步骤

### 1. 试样溶液制备

精密吸取维生素 $B_{12}$ 注射液样品（$100\mu g/mL$）3.0mL，置于 10mL 量瓶中，加蒸馏水至刻度，摇匀，即得。

### 2. 测定

将试样稀释液装入 1cm 石英吸收池中，以蒸馏水为空白，在 278nm、361nm 波长处与 550nm 波长处分别测定吸光度。

### 3. 计算

计算不同波长处吸光度比值，判断是否符合《中国药典》规定。

## 五、注意事项

1. 在使用紫外-可见分光光度计前，应熟悉仪器的结构、功能和操作注意事项。
2. 吸收池的光学面，必须清洁干净，不准用手触摸，只可用擦镜纸轻轻擦拭。

## 六、数据处理

### 1. 定性鉴别

根据测得的 278nm、361nm 与 550nm 波长处的吸光度数据，计算该两两波长处的吸光度比值，并与《中国药典》规定的幅度值比较，进行维生素 $B_{12}$ 的鉴定。

### 2. 吸光系数法

将 361nm 波长处测得的吸光度 $A$ 值与 48.31 相乘，即得试样稀释液中每毫升含维生素 $B_{12}$ 的质量（微克）。

按照百分吸光系数的定义，每 100mL 含 1g 维生素 $B_{12}$ 的溶液（1%）在 361nm 处的吸光度应为 207。即：

$$E_{1cm}^{1\%}(361nm) = 207 \times [100mL/(g \cdot cm)] = 2.07 \times 10^{-2}[mL/(\mu g \cdot cm)]$$

$$c_{样} = A_{样}/(LE_{1cm}^{1\%}) = A_{样} \times 48.31(\mu g/mL)$$

$$维生素 B_{12} 标示量 = \frac{c_{样}(\mu g/mL) \times 试样稀释倍数}{标示量(\mu g/mL) \times 100} \times 100\%$$

式中，$L$ 为比色皿的厚度，1cm。

## 七、思考题

1. 试比较用标准曲线法及吸收系数法定量的优缺点。
2. 如何采用分光光度法进行定性分析？

# 实验二十五　水中微量铁的测定（设计性实验）

## 一、实验目的

1. 掌握分光光度法测定微量铁含量的原理及方法。
2. 熟悉定量分析实验方案的设计。

## 二、实验原理

铁是药物和水中常见的一种杂质，含量大时易产生特殊气味，因此对药物和饮水中的铁要进行检查和测定。

亚铁离子与邻二氮菲生成稳定的橙红色配合物 [$\lg K_{稳} = 21.3$，$\varepsilon = 1.1 \times 10^4$ L/(mol·cm)] 最大吸收波长为 508nm，根据此显色反应利用分光光度法可测定铁含量。

$$Fe^{2+} + 3 \,\text{phen} \longrightarrow [Fe(\text{phen})_3]^{2+}$$

当铁以 $Fe^{3+}$ 形式存在于溶液中时，可于显色前用还原剂（盐酸羟胺或对苯二酚等）将其还原为 $Fe^{2+}$。

$$2Fe^{3+} + 2NH_2OH \cdot HCl \longrightarrow 2Fe^{2+} + N_2 \uparrow + 2H_2O + 4H^+ + 2Cl^-$$

显色时溶液 pH 值应为 2~9，若酸度过高（pH<2）显色缓慢而色浅；若酸度过低，二价铁离子易水解，影响显色。

## 三、仪器与试药

### 1. 仪器

可见分光光度计、比色皿（玻璃或石英）、容量瓶（50mL、100mL）、移液管（1mL、2mL、5mL、10mL）等。

### 2. 试剂与试药

铁标准溶液（100μg/mL）[准确称取 0.8643g $NH_4Fe(SO_4)_2 \cdot 12H_2O$，加入 6mol/L HCl 20mL，稀释至 1000mL]、0.15% 邻二氮菲水溶液、10% 盐酸羟胺水溶液、1mol/L $CH_3COONa$、0.1mol/L NaOH、6mol/L HCl、水样等。

## 四、实验步骤

### 1. 标准曲线的制作

用移液管吸取 100μg/mL 铁标准溶液 10mL 于 100mL 容量瓶中，加入 2mL HCl，用水稀释至刻度,摇匀,即得 10μg/mL 的铁标准溶液。精密吸取 10μg/mL 的铁标准溶液 0.0、2.0mL、4.0mL、6.0mL、8.0mL、10.0mL,分别置于 50mL 容量瓶中,依次加入 1mL 盐酸羟胺、2mL 邻二氮菲、5mL $CH_3COONa$ 溶液,用水稀释至刻度,摇匀,放置 10min,以试剂为空白(即 0.0mL 铁标液),在 508nm 处测定各溶液的吸光度。以铁含量为横坐标、吸光度 $A$ 为纵坐标,绘制标准曲线。

### 2. 水样测定

精密吸取水样 5.0mL,置 50mL 容量瓶中,按上述方法制备溶液并测定吸光度。平行测定 3 次。

## 五、数据记录与处理

将实验数据记录于表 10-3 中。

**表 10-3  水中微量铁的测定数据记录表**

| 项目 | 铁标准溶液浓度/(μg/mL) | 吸光度 $A$ | 铁含量/% |
| --- | --- | --- | --- |
| 铁标准溶液 1 | | | |
| 铁标准溶液 2 | | | |
| 铁标准溶液 3 | | | |
| 铁标准溶液 4 | | | |
| 铁标准溶液 5 | | | |
| 铁标准溶液 6 | | | |
| 水样 1 | | | |
| 水样 2 | | | |
| 水样 3 | | | |

根据测得的数据绘制标准曲线或获得回归方程,并根据测得的水样吸光度求出水样中铁含量。

## 六、注意事项

1. 吸收池应配对校正。
2. 遵循平行原则。如配制标准系列溶液时,空白和标准系列溶液均应按相同的操作步骤进行操作,包括加试剂的量、顺序、时间等应一致。试样和标准曲线测定的实验条件应保持一致,要注意显色剂用量、显色 pH 值、显色时间等的影响。
3. 供试品制备时注意加试剂顺序,必须先加盐酸羟胺,后加邻二氮菲。盐酸羟氨容易氧化,应现配现用。
4. 吸收池内外应清洁透明,如有气泡或颗粒,应重新装液。吸收池用毕应充分洗净保存,关闭仪器,检查干燥剂及防尘措施。
5. 利用移液管吸取溶液操作要规范、准确。

## 七、思考题

1. 显色法测定时，一般需考察哪些测定条件的影响？
2. 本实验中，哪些试剂需准确配制和准确加入？哪些试剂不需准确配制，但要准确加入？
3. 标准曲线法适用于何种情况？

# 实验二十六　淫羊藿药材中总黄酮的含量测定（综合性实验）

## 一、目的要求

1. 掌握紫外-可见分光光度仪的操作技术。
2. 掌握标准曲线法测定淫羊藿药材中总黄酮含量的定量分析原理。

## 二、实验原理

淫羊藿为小檗科植物淫羊藿的干燥地上部分，具有补肾壮阳、强筋骨、祛风湿之功效。含有多种活性成分，主要为淫羊藿苷（$C_{33}H_{40}O_{15}$）等黄酮类化合物，用于治疗更年期综合征、骨质疏松和心血管疾病等。

紫外-可见分光光度法由于具有灵敏度高、操作简便等优点已广泛应用于中药材、中成药中生物碱类、黄酮类、蒽醌类、有机酸类、苷类、多糖类等成分的含量测定。

本实验采用标准曲线法定量，即配制一系列不同浓度的淫羊藿苷标准溶液，在相同条件下分别测定吸光度。以淫羊藿苷标准溶液的浓度为横坐标、相应的吸光度为纵坐标，绘制吸光度（$A$）-浓度（$c$）曲线，即得标准曲线，并求出回归方程及相关系数等。在相同的条件下测定供试品溶液的吸光度，将供试品溶液的吸光度代入回归方程，计算供试品溶液中被测组分的浓度，再计算淫羊藿药材干燥品中以淫羊藿苷计总黄酮的百分含量。

## 三、仪器及试药

### 1. 仪器

紫外-可见分光光度计、超声波清洗器、具塞锥形瓶（50mL）、移液管（20mL）、量瓶（10mL、50mL）、吸量管（0.5mL）、吸耳球等。

### 2. 试剂与试药

淫羊藿苷对照品、淫羊藿药材；乙醇、甲醇（分析纯）等。

## 四、实验内容及步骤

### 1. 对照品溶液的制备

精密称取淫羊藿苷对照品,加甲醇溶解并制成每 1mL 含 86μg 的溶液,作为对照品溶液。

### 2. 标准曲线的绘制

精密吸取淫羊藿苷对照品溶液 0.5mL、1.0mL、1.5mL、2.0mL、2.5mL 分别置于 10mL 容量瓶中,以甲醇稀释至刻度,摇匀,以甲醇为空白,在 270nm 波长处测定吸光度,分别重复 3 次操作,以其吸光度的平均值为纵坐标、对照品溶液浓度为横坐标、计算回归方程和相关系数。

### 3. 供试品溶液的制备

取样品粉末(粉碎过 3 号筛)约 0.2g,精密称定,置 50mL 具塞锥形瓶中,精密加稀乙醇 20mL,称定质量,超声提取 1h,放置至室温,再称定质量,用稀乙醇补足损失的质量,摇匀,滤过,弃去初滤液,取续滤液,精密量取续滤液 1.0mL,置 50mL 容量瓶中,加甲醇稀释至刻度,摇匀,作为供试品溶液。

### 4. 测定法

取供试品溶液,以相应试剂为空白,按照紫外-可见分光光度法(现行版《中国药典》有关要求),在 270nm 波长处测定吸光度,计算,即得。

## 五、注意事项

1. 取样量要准确,制备供试液时避免损失。
2. 仪器操作时应严格按照操作规程进行。
3. 采用标准曲线法应注意以下问题。
(1) 制备一条标准曲线至少要 5~7 个点,并不得任意延长。
(2) 待测样品浓度应包括在标准曲线浓度范围内。
(3) 待测样品和对照品必须使用相同的溶剂系统和显色系统,并在相同条件下进行测定。
(4) 在固定仪器和方法的条件下,标准曲线可多次使用,不必每次测绘,但应定期核对。
4. 一般要求配制待测样品的浓度要在线性范围内,最好是在标准曲线的中部,这样可减少误差提高准确度。

## 六、数据处理及记录

1. 根据测得的对照品数据,绘制 $A$-$c$ 标准曲线并计算回归方程。
2. 将测得的试样吸光度,代入回归方程计算出试样溶液中总黄酮的浓度 $c_x$,按下式计算：

$$总黄酮含量 = \frac{c_x \times 50 \times 20 \times 10^{-6}}{W \times (1-水分百分含量) \times 1.0} \times 100\%$$

式中，$c_x$ 为供试液浓度，$\mu g/mL$；$W$ 为称样量，g。

若标准曲线过原点，则可用对照法计算供试液中以淫羊藿苷计总黄酮的浓度。

$$c_x = \frac{c_r A_x}{A_r}$$

式中，$c_r$ 为对照品溶液浓度，$\mu g/mL$；$A_r$ 为对照品的吸光度；$c_x$ 为供试液浓度，$\mu g/mL$；$A_x$ 为供试液的吸光度。

注意在计算中一定要统一单位，总黄酮含量结果要以干燥品计算，所以在测定总黄酮含量的同时，也要测定淫羊藿药材的水分，可由教师测定水分的含量。

将实验数据记录于表 10-4 和表 10-5 中。

表 10-4  实验数据记录表

| 编号 | 淫羊藿苷浓度/($\mu g/mL$) | 吸光度1 | 吸光度2 | 吸光度3 | 平均吸光度 |
|---|---|---|---|---|---|
| 1 | | | | | |
| 2 | | | | | |
| 3 | | | | | |
| 4 | | | | | |
| 5 | | | | | |
| 6 | | | | | |

表 10-5  淫羊藿药材中总黄酮的含量测定实验记录表

| 项目 | 第1次 | 第2次 | 第3次 |
|---|---|---|---|
| 试样的称样量/g | | | |
| 吸收度 $A$ | | | |
| 浓度 $c_x$/($\mu g/mL$) | | | |
| 总黄酮/% | | | |
| 平均含量/% | | | |
| 相对平均偏差/% | | | |

## 七、思考题

1. 试述标准曲线法的优点。
2. 采用标准曲线法测定含量应注意哪些问题？

# 实验二十七　一枝黄花药材中总黄酮的含量测定
（创新性实验）

## 一、目的要求

1. 掌握比色法测定中药一枝黄花中总黄酮含量的操作方法及原理。
2. 熟悉含量测定方法的设计思路及实验规范操作要求。
3. 了解总黄酮含量测定方法研究情况。

## 二、实验原理

黄酮类化合物是一枝黄花中的主要有效成分之一，采用溶剂法将一枝黄花中总黄酮类化合物尽可能完全提取出来，可以采用适当的纯化方法除去干扰。以芦丁作为对照品，以显色试剂为空白，选择恰当的波长为检测波长，采用紫外-可见分光光度法（比色法）测定一枝黄花中总黄酮的含量。

## 三、仪器及试剂

### 1. 仪器

紫外-可见分光光度计、超声波清洗器、具塞锥形瓶（50mL）、移液管（25mL）、量瓶（10mL、50mL）、刻度吸管（0.5mL）、吸耳球等。

### 2. 试剂与试药

乙醇、甲醇（AR）、三氯化铝、亚硝酸钠、冰醋酸、醋酸钠、硝酸铝、氢氧化钠等；芦丁对照品、一枝黄花药材。

## 四、实验要求

1. 提前布置实验任务，学生分组，推选组长，提交分组名单。
2. 查阅相关资料，写出实验设计方案（实验依据、仪器与试剂、内容与步骤、含量测定结果计算公式、注意事项、参考文献等，重点包括样品提取方法考察等）。
3. 实验开展前两周交设计方案给指导教师评阅指导。
4. 组织答辩，各组分别提意见或建议，完善实验方案。
5. 各组分工合作完成实验方案的主要内容，记录并计算。
6. 实验结束后，写出实验报告，整理实验原始资料并进行总结讨论。

## 五、实验提示

### 1. 显色剂的配制（测定总黄酮含量常用显色剂的配制）

（1）0.1mol/L $AlCl_3$ 溶液的配制：称取 1.34g $AlCl_3$，加水溶解成 100mL 溶液。

（2）$CH_3COONa$-$CH_3COOH$ 缓冲溶液的配制：取 2.72g $CH_3COONa \cdot 3H_2O$ 加水溶解成 100mL 溶液，制成 0.2mol/L $CH_3COONa$ 溶液；取 1.15mL 冰醋酸加水稀释至 100mL，制成 0.2mol/L $CH_3COOH$ 溶液；取一定量的 0.2mol/L $CH_3COONa$ 溶液加入 0.2mol/L $CH_3COOH$ 溶液调节 pH 至 5.2，即得。

（3）5% 亚硝酸钠溶液的配制：称取亚硝酸钠 2.5g，加水溶解成 50mL。

（4）10% 硝酸铝溶液的配制：称取硝酸铝 5g，加水溶解成 50mL。

（5）4% 氢氧化钠溶液的配制：称取氢氧化钠 4g，加水溶解成 100mL。

（6）空白溶液的制备：选择适当的显色剂和溶剂为空白对照溶液。

### 2. 对照品溶液的制备

参考文献撰写实验方案。

### 3. 供试品溶液制备条件选择

考察提取溶剂、提取方法、提取时间等。

### 4. 显色条件和测定条件的选择

在文献资料的基础上进行显色条件和测定条件的选择。

### 5. 测定法

取供试品溶液，以相应的试剂为空白对照，按照紫外-可见分光光度法（现行版《中国药典》有关要求），在检测波长处测定吸光度，计算，即得。

## 六、注意事项

1. 取样量要准确和适量。
2. 仪器操作时应严格按照操作规程进行，比色皿应配对使用。
3. 待测样品和对照品必须使用相同的溶剂系统和显色系统，并在相同条件下进行测定。
4. 一般要求配制待测样品浓度的吸光度应在 0.2~0.7 范围内，这样可减少误差提高准确度。

## 七、数据处理

根据实验方案写出计算公式。

计算时注意统一单位及有效数字位数保留，含量结果以干燥品计算，可由指导教师测定水分的含量。

## 八、思考题

1. 试述比色法的特点。
2. 采用分光光度法测定含量应注意哪些问题？

# 实验二十八 茶叶中总多酚的含量测定
（设计性试验）

## 一、目的要求

1. 掌握样品中功效成分定量分析的设计要求及特点。
2. 熟悉含量测定方法的条件优化、方法验证的效能指标。

## 二、实验原理

茶多酚是茶叶中多酚类物质的总称，包括儿茶素类、黄酮类和黄酮苷类、花青素、花白素类及酚酸类等化合物。其具有清除自由基、抗突变、抗衰老等多种功效，在食品、药品领域有着良好的应用与发展前景。根据茶多酚的性质选择适宜的提取方法及测定方法测定其含量极有意义。

## 三、实验内容

对茶叶中总多酚含量的测定方法进行设计。

## 四、实验要求

1. 学生分组，在教师的指导下，各组自选实验内容中的实验项目。
2. 查阅文献，在充分了解样品性质及生产工艺的基础上，结合所学知识，写出实验方案设计稿（包括实验标题、实验目的、实验原理、实验步骤、计算公式、注意事项、参考文献等），可设计两种实验方法。
3. 结合自己的实验设计方案，考虑实验室条件和实验时数，选择合适的实验方法。并写出实验操作步骤、理论依据和反应原理。
4. 进行实际操作。对样品进行含量测定，制定合理含量限度范围。
5. 实验结束后，写出实验报告（包括实验原始数据、实验结果与结论、实验设计方案的评价等），整理实验原始资料。
6. 学生进行总结讨论，并比较不同小组操作方法的优缺点。

## 五、实验提示

根据茶叶中茶多酚的性质，可用70%的甲醇在70℃水浴上提取，选择福林酚试剂（主要成分为磷钨酸和磷钼酸）在碱性条件下氧化茶多酚中—OH基团并显蓝色，在其最大吸收波长765nm测定吸光度。以没食子酸为对照品，建立标准曲线进行校正，采用比色法-标准曲线法测定茶叶中茶多酚含量。

也可选择紫外分光光度法检测茶多酚类可溶性无色物质，如黄烷醇、花白素和没食子素等不饱和物质。常用没食子酸作为标准溶液，在225nm和280nm处有明显的吸收峰，考察不同前处理条件和检测波长对含量测定方法的影响。

## 六、注意事项

1.采用紫外分光光度法时，宜采用对照法，以减少不同仪器间的误差。若用百分吸收系数计算，其值宜在100以上；同时还应充分考虑辅料、共存物质和降解产物等对测定结果的干扰。测定中应尽量避免使用有毒的及价格昂贵的有机溶剂，宜用水、各种缓冲液、稀酸、稀碱溶液作溶剂。

2.采用比色法时，需注意显色条件选择。当待测成分含量很低或无较强的发色团，以及杂质影响紫外分光光度法测定时，可考虑选择显色较灵敏、专属性和稳定性较好的比色法或荧光分光光度法。

## 七、数据处理

1.根据实验方案写出计算公式。

2.计算时注意统一单位及有效数字位数保留，含量结果以干燥品计算，可由指导教师测定水分的含量。

## 八、思考题

1.简述茶叶中茶多酚含量测定方法研究概况。

2.茶多酚具有什么作用？在食品、药品领域有着哪些应用与发展前景？

# 实验二十九 魔芋中总多糖的含量测定
# （创新性实验）

## 一、目的要求

1.掌握紫外-可见分光光度计的定量操作方法。

2.掌握比色法与重量法测定样品中主要成分含量的方法。

3.掌握实验设计的一般流程及注意事项。

## 二、实验原理

魔芋中含量最多的是以葡甘露聚糖（由葡萄糖与甘露糖聚合而成，聚合比1∶16）为代表的多糖类物质。一般情况下，多糖在紫外区的吸收较弱，无法直接测定；通过加入显色剂显色后，在可见光区具有较强吸收。采用适宜的溶剂将魔芋总多糖提取出来，并选择合适的显色剂进行显色，以葡萄糖或甘露糖作为对照品，选择恰当的波长，采用紫外-可见分光光度法（比色法）或其他方法测定魔芋中总多糖的含量。

## 三、实验内容

对魔芋中总多糖含量的测定方法进行设计。

## 四、实验要求

1. 学生分组并布置实验任务。
2. 查阅文献，结合所学知识，自主设计实验，写出实验方案设计方案（包括实验标题、实验目的、实验原理、仪器与试剂、实验步骤、计算公式、注意事项、参考文献等）。
3. 指导教师修改每组实验设计方案并进行反馈，学生确定最终实验方案。
4. 根据最终实验设计方案，进行实验。
5. 实验结束后，书写实验报告（包括实验原始记录、数据处理、实验结果与结论等），整理实验原始资料。
6. 学生进行总结讨论，并比较不同小组操作方法的优缺点。

## 五、实验提示

1. 由于还原糖会干扰多糖的含量测定，因此在提取魔芋总多糖之前，需将魔芋中的还原糖去除。
2. 可采用标准曲线法计算魔芋总多糖的含量。

## 六、注意事项

1. 本实验中可能会用到硫酸、苯酚，其具有强腐蚀性和毒性，使用时应佩戴合适的防护装备，如橡胶手套、护目镜或面罩等，确保身体各部位得到充分保护。
2. 硫酸不能与其他化学品随意混合，特别是与易燃物、还原剂、碱类等物质混合；苯酚不能与强氧化剂、强酸、强碱等物质混合，可能会引发剧烈反应甚至爆炸。
3. 确保实验室通风情况良好，避免因吸入有害蒸气对身体造成危害。
4. 严格按照实验使用要求控制硫酸、苯酚等试剂的用量和浓度，避免过量使用造成浪费和安全隐患。

## 七、思考题

1. 什么情况下需要利用比色法进行含量测定？
2. 比色法进行含量测定时的注意事项有哪些？

# 实验三十　刺梨中总黄酮的含量测定
## （创新性实验）

## 一、目的要求

1. 培养学生的创新思维、文献检索能力及团队协作精神。
2. 培养学生灵活运用分析化学的基本理论和知识解决实际问题的综合能力。
3. 掌握比色法测定刺梨中总黄酮的原理及操作方法。

## 二、实验设计方案要求

1. 分配实验任务，组织学生进行分组，每组选举一名组长，并向指导教师提交分组名单。
2. 学生需通过查阅相关文献和资料，结合所学知识，设计实验方案，并进行实验分组汇报（实验方案应包括实验原理、操作步骤、注意事项等内容）。
3. 列出所需仪器设备的规格、试剂的种类及用量，以及试剂的配制方法。
4. 提供详尽的实验操作步骤、数据记录表格和计算公式等。
5. 各实验小组汇报实验方案，经指导教师审阅通过后，方可进行实验。实验结束后，根据实验数据进行分析讨论，撰写实验报告，总结实验心得；各组总结所设计的测定方法的优缺点，并提出相应的改进措施。

## 三、实验提示

1. 对照品溶液的制备
2. 供试品溶液制备条件选择
3. 显色剂的配制
4. 显色条件的选择与优化
5. 标准曲线的绘制
6. 样品测定

## 四、数据处理

根据实验结果用 Excel 绘制标准曲线，列出标准曲线的方程和回归系数，并根据实验方案写出总黄酮含量的计算公式。含量结果以干燥品计算，水分含量可由指导教师协助测定。

## 五、思考题

1. 简述比色法测定总黄酮含量的基本原理？
2. 测定总黄酮常用的对照品有哪些？如何选择？
3. 绘制标准曲线时有哪些注意事项？

# 第十一章
# 经典液相色谱法

## 一、经典液相色谱法基本原理

经典液相色谱法是在常温、常压下依靠重力和毛细管作用输送流动相的色谱方法。按操作形式的不同可分为柱色谱法、薄层色谱法、纸色谱法。按分离原理的不同又可分为吸附色谱法、分配色谱法、离子交换色谱法、分子排阻色谱法、聚酰胺色谱法等。

### （一）吸附色谱法

吸附色谱法是以吸附剂作为固定相的色谱方法。

吸附色谱是根据所用的吸附剂对被分离物质的吸附能力不同，在流动相作用下，使各组分分离的色谱方法；其中固定相为吸附剂，一般为固体，所以又称液固色谱。常用的吸附剂有硅胶和氧化铝。

### （二）分配色谱法

分配色谱法是利用被分离组分在固定相和流动相中的溶解度不同，因而在两相间分配系数不同而实现分离的色谱方法。

分配色谱中固定相为液体，是将某种溶剂涂布在吸附剂颗粒表面或纸纤维上，形成一层液膜，称为固定相，吸附剂颗粒表面或纸纤维称为支持剂、载体或担体。溶质在固定相和流动相之间发生分配，根据组分在两相中的分配平衡常数（$K$）不同而分离。

### （三）离子交换色谱法

离子交换色谱法是以离子交换剂为固定相，用水或与水混合的溶剂作为流动相，利用它在水溶液中能与溶液中的离子进行交换的性质，根据离子交换剂对各组分离子亲和力的不同而使其分离的方法。

### （四）分子排阻色谱法

分子排阻色谱法又称凝胶色谱法、尺寸排阻色谱法、凝胶过滤色谱法、分子筛色谱法、凝胶渗透色谱法等。其固定相凝胶为化学惰性且具有多孔网状结构的物质，凝胶每个颗粒的结构犹如一个筛子，小的分子可以进入胶粒内部，而大的分子则排阻于胶粒之外。

分子排阻色谱法的分离原理是凝胶色谱柱的分子筛机制。分子排阻色谱法是根据待测组分的分子大小进行分离的一种液相色谱。

### （五）聚酰胺色谱法

聚酰胺色谱法是以聚酰胺为固定相的色谱法。

聚酰胺色谱的分离原理目前有以下两种解释。

#### 1. 氢键吸附

聚酰胺分子内有许多酰胺键，可与酚类、酸类、醌类、硝基化合物形成氢键，因而对这些物质产生了吸附作用。吸附能力的大小与形成氢键能力的强弱有关。不同结构的化合物由于与聚酰胺形成氢键的能力不同，从而聚酰胺对它们的吸附能力不同，用适当的溶剂洗脱或展开，达到分离的目的。

#### 2. 双重层析

聚酰胺分子中既有亲水基团又有亲脂基团，当用极性溶剂作为流动相时，聚酰胺中的烷基作为非极性固定相，其色谱行为类似于反相分配色谱；当用非极性流动相时，聚酰胺则作为极性固定相，其色谱行为类似于正相分配色谱；此即聚酰胺色谱的双重层析。但双重层析只适用于难与聚酰胺形成氢键或形成氢键能力弱的化合物。

## 二、经典液相色谱法实验

通过实验，进一步学习经典液相色谱法的不同操作形式：柱色谱法和平面色谱法。根据固定相不同，平面色谱法分为纸色谱法、薄层色谱法、薄膜色谱法。其中柱色谱法测定氧化铝活度实验，让学生熟悉吸附剂的活度；而柱色谱法分离菠菜中的植物色素实验，是对柱色谱法的应用，通过观察色谱分离的现象，使学生更易于理解色谱法；纸色谱法分离氨基酸，要求学生掌握平面色谱的操作方法及注意事项等，为定性分析奠定基础；黄连粉、五味子的薄层色谱法鉴别实验，让学生对经典液相色谱法用于定性鉴别有了更深的认识。经过实验训练，掌握经典液相色谱法分离和鉴别中药或其他样品中的化学成分，为深入研究中药的组成、作用等提供方法和手段。

## 实验三十一　柱色谱法测定氧化铝活度

### 一、目的要求

1. 掌握吸附柱色谱制备、洗脱等一般操作方法。
2. 熟悉用柱色谱法测定氧化铝的活度。

## 二、实验原理

氧化铝的吸附能力等级测定方法较常用的为 Brockmann 法，观察氧化铝对多种偶氮染料的吸附情况衡量氧化铝的活度。所采用的染料按吸附性递增的排列顺序为：偶氮苯（1号）＜对甲氧基偶氮苯（2号）＜苏丹黄（3号）＜苏丹红（4号）＜对氨基偶氮苯（5号）＜对羟基偶氮苯（6号）。它们的结构和溶液颜色如下：

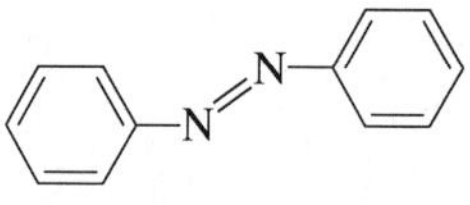

1号 偶氮苯（淡黄色） 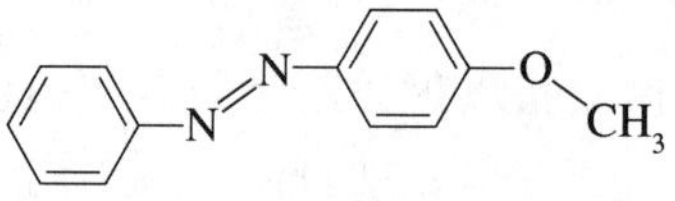　　　　2号 对甲氧基偶氮苯（淡黄色）

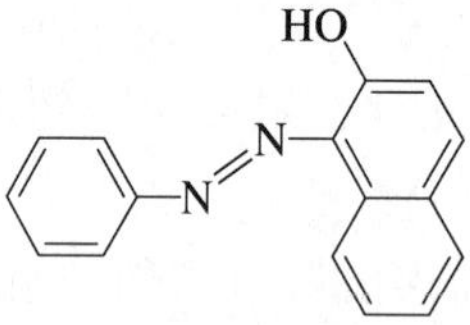

3号 苏丹黄（橙色） 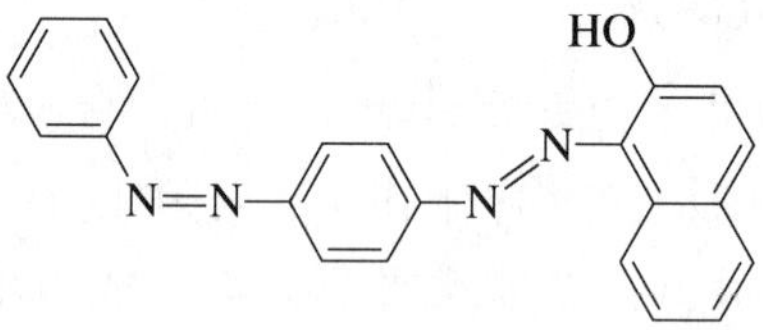　　　　　4号 苏丹红（紫红色）

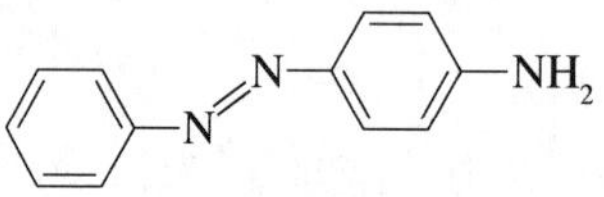

5号 对氨基偶氮苯（黄色） 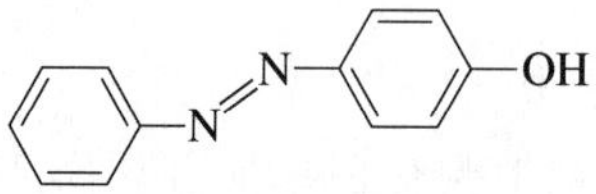　　6号 对羟基偶氮苯（黄色）

根据上述染料的吸附情况，可将氧化铝的活度分为 5 级，吸附能力越小，活度级别越高。氧化铝活度与染料吸附情况见表 11-1。

表 11-1　氧化铝活度与染料吸附情况

| 染料位置 | Ⅰ级 | Ⅱ级 | Ⅲ级 | Ⅳ级 | Ⅴ级 |
| --- | --- | --- | --- | --- | --- |
| 柱上层 | 2 | 3 | 4 | 5 | 6 |
| 柱下层 | 1 | 2 | 3 | 4 | 5 |
| 流出液 |  | 1 | 2 | 3 | 4 |

## 三、仪器与试药

### 1. 仪器

色谱柱（长 10cm，内径 1.5cm）2 根、带橡皮套的玻璃棒 1 根、小漏斗 1 个、10mL 量筒 2 个、脱脂棉及圆形滤纸若干。

### 2. 试剂与试药

六种染料溶液（偶氮苯、对甲氧基偶氮苯、苏丹黄、苏丹红、对氨基偶氮苯、对羟基偶氮苯各 20mg，分别溶于 10mL 无水苯中，加入适量石油醚使成 50mL）、苯和石油醚混合液（1∶4）、氧化铝试样（活度待测）。

## 四、实验内容与步骤

### 1. 色谱柱的制备

取 2 根洁净干燥的色谱柱，于柱底垫一层脱脂棉（注意不要太紧），垂直夹在滴定台上，然后把待测氧化铝通过一干燥小漏斗，仔细装入色谱柱中至高达 6cm 处（约 6g），用一带橡皮套的玻璃棒轻轻均匀地敲打至氧化铝高度达约 5cm 处，然后在其表面覆盖圆形滤纸一层即得。

### 2. 氧化铝活度的测定

（1）打开活塞，于 1 号色谱柱中加入 1 号、2 号染料溶液各 5mL（预先混匀），等溶液全部通过后，立即以干燥的苯和石油醚混合液（1∶4）淋洗色谱柱，控制流速为 20～30 滴/min。

（2）于 2 号色谱柱中加入 2 号、3 号染料溶液各 5mL（预先混匀），进行同样的实验。

（3）观察和记录各色谱柱中染料的颜色和位置，判断氧化铝的活度级别。

## 五、注意事项

1. 用于配制染料溶液的石油醚及苯必须是无水的（可用无水硫酸铜检查）。若市售商品含水量太大，则需预先处理，否则影响结果的准确性。

2. 脱脂棉用量要少，要平整，但不要塞得太紧，以免流速太慢。

3. 色谱柱必须均匀紧密，表面应力求水平，染料溶液应小心加入，勿使氧化铝表面受到扰动。

4. 倒入染料时，注意先把活塞打开，以利空气排出。

5. 流出液用小烧杯收集，倒入回收瓶中。

6. 整个实验必须无水操作。

## 六、思考题

1. 根据各染料的结构，说明它们的极性顺序。

2. 如 1 号色谱柱流出液为淡黄色，柱下层为淡黄色；2 号色谱柱流出液为无色，柱下层为淡黄色，柱上层为橙黄色。此氧化铝活度为几级？

# 实验三十二　柱色谱法分离菠菜中的植物色素

## 一、目的要求

1. 掌握柱色谱法分离混合物的操作技术。

2. 了解从植物中分离天然化合物的方法。

## 二、实验原理

色谱法是一种物理分离方法。柱色谱法是色谱方法中的一个类型，分为吸附柱色谱法和分配柱色谱法。本实验仅介绍吸附柱色谱法。

吸附柱色谱法是分离、纯化和鉴定有机物的重要方法。它是根据混合物中各组分的分子结构和性质（极性）来选择合适的吸附剂和洗脱剂，从而利用吸附剂对各组分吸附能力的不同及各组分在洗脱剂中的溶解性能不同达到分离目的。

吸附柱色谱法通常是在玻璃色谱柱中装入表面积大、经过活化的多孔性或粉状固体吸附剂（常用的吸附剂有氧化铝、硅胶等）。当混合物溶液流过吸附柱时，各组分同时被吸附在柱的上端，然后从柱顶不断加入溶剂（洗脱剂）洗脱。由于不同化合物吸附能力不同，从而随着溶剂下移的速度不同，于是混合物中各组分按吸附剂对它们所吸附的强弱顺序在柱中自上而下形成了若干色带。

绿色植物如菠菜叶中含有叶绿素（绿）、胡萝卜素（橙）和叶黄素（黄）等多种天然色素。叶绿素存在两种结构相似的形式即叶绿素 a 和叶绿素 b，其差别仅是叶绿素 a 中一个甲基被叶绿素 b 中的甲酰基所取代。它们都是吡咯衍生物与金属镁的络合物，是植物进行光合作用所必需的催化剂。植物中叶绿素 a 的含量通常是叶绿素 b 的 3 倍。尽管叶绿素分子中含有一些极性基团，但大的烃基结构使它易溶于醚、石油醚等一些非极性的溶剂。胡萝卜素是具有长链结构的共轭多烯。它有三种异构体，即 α-、β- 和 γ-胡萝卜素，其中 β-异构体含量最多，也最重要。在生物体内，β-异构体经酶催化氧化即形成维生素 A。叶黄素是胡萝卜素的羟基衍生物，它在绿叶中的含量通常是胡萝卜素的两倍。与胡萝卜素相比，叶黄素较易溶于醇而在石油醚中溶解度较小。本实验以硅胶为吸附剂，分离菠菜中的胡萝卜素、叶黄素、叶绿素 a 和叶绿素 b。

## 三、仪器与试药

### 1. 仪器

托盘天平、漏斗、铁架台、铁夹、具活塞的玻璃色谱柱（20 cm×1.4 cm）、滴管、50mL 量筒、200mL 烧杯、100mL 锥形瓶、研钵、玻璃棒等。

### 2. 试剂与试样

柱层析硅胶（200～300 目）、石油醚（60～90℃）、丙酮、$CaCO_3$、无水 $Na_2SO_4$、新鲜菠菜叶。

## 四、实验内容与步骤

### 1. 菠菜色素的提取

取 10～15g 的新鲜菠菜叶，撕成小碎片，置一研钵中，加入约 50mL 萃取液（石油醚与丙酮体积比为 8∶2）以及 2～3g $CaCO_3$。研至溶液呈深绿色，倾出萃取液至一锥形瓶中，加入约 5g 的无水硫酸钠使之脱水。15min 后小心地将萃取液倒入一个干燥的锥形瓶中备用。

### 2. 装柱

取 2 根洁净干燥的色谱柱，于柱底垫一层脱脂棉（注意不要太紧。若色谱柱自带砂芯，可不再垫脱脂棉），垂直夹在铁架台上，关闭色谱柱下端活塞，以湿法装柱。称取 5g 柱色谱硅胶置烧杯中，加入约 20mL 石油醚-丙酮（9∶1），搅拌除气泡，缓慢装入色谱柱中，边加边用玻璃棒轻轻地敲打色谱柱，用石油醚-丙酮（9∶1）将黏附在色谱柱内壁上的硅胶冲洗干净。打开色谱柱下端的活塞，让液体慢慢流出直至液面和硅胶面相持平时关闭活塞。

### 3. 上样

用一长滴管，吸取 2mL 菠菜提取液直接加入色谱柱内（注意不要破坏硅胶表面平整度），打开色谱柱下端活塞，让液面自由下降与硅胶面相平，关闭活塞。

### 4. 洗脱

取石油醚-丙酮（9∶1）混合液 30mL，添加至色谱柱的上端。打开活塞让洗脱剂滴下。橘黄色的 $\beta$-胡萝卜素先被洗脱，用锥形瓶将其收集。当 $\beta$-胡萝卜素被完全洗脱下后，先让洗脱剂液面下降到与硅胶面相平，再用石油醚-丙酮（7∶3）混合液 25mL 进行洗脱。收集绿色色带的洗脱液在另一个锥形瓶中，得到叶绿素。

## 五、注意事项

1. 在加样及洗脱剂时，缓慢靠壁滴加，不要破坏色谱柱上端的平整性。
2. 洗脱过程中洗脱剂的液面不能低于硅胶面，否则会影响分离效果。
3. 本实验所用仪器均应为干燥状态，不得含水。

## 六、思考题

1. 简述干法装柱与湿法装柱的区别及各自的优缺点。
2. 色谱柱装填紧密与否对分离效果有何影响？
3. 在洗脱过程中，为什么不能使洗脱剂液面低于硅胶平面？

# 实验三十三　纸色谱法分离氨基酸

## 一、目的要求

1. 掌握纸色谱的操作方法。
2. 熟悉纸色谱法在分离鉴定方面的应用。

## 二、实验原理

氨基酸为无色化合物,利用它们与水合茚三酮显紫色(脯氨酸显黄色除外),可将分离的氨基酸斑点显色,其反应机理如下:

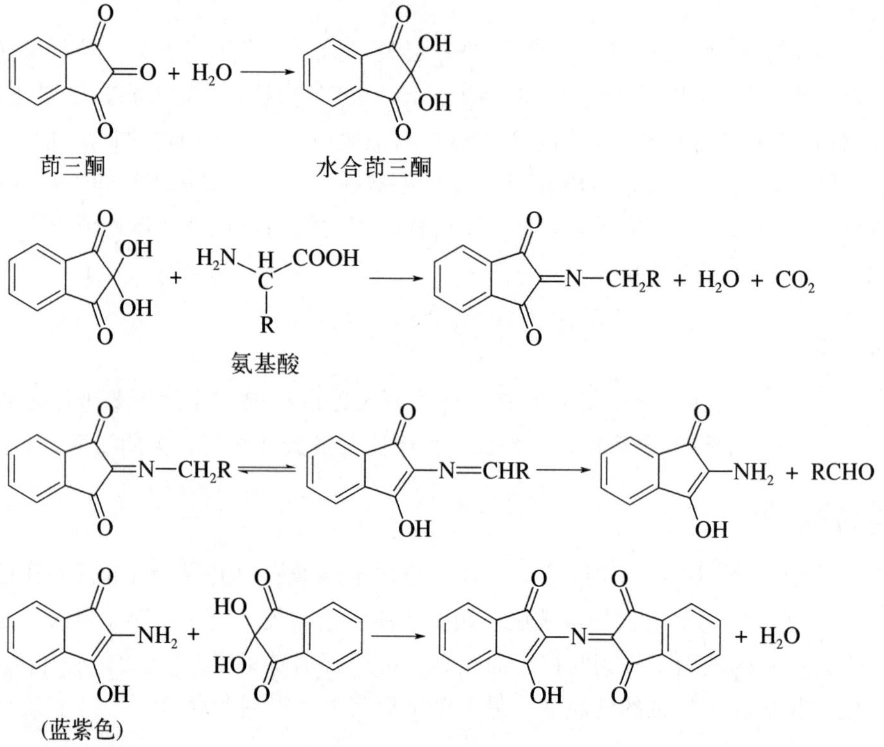

茚三酮    水合茚三酮

氨基酸

(蓝紫色)

## 三、仪器与试药

### 1. 仪器

玻璃展开筒(150mm×300mm)、色谱用滤纸(纸条)98mm×240mm(可用定性滤纸代替)、毛细管(2μL)、喷雾瓶(50mL)等。

### 2. 试剂与试药

正丁醇、甲酸、水、0.1%茚三酮试液、氨基酸标准溶液(异亮氨酸、赖氨酸和谷氨酸分别配成0.2%的水溶液)。

## 四、实验内容与步骤

### 1. 点样

在纸条下端2.5cm处,用铅笔画一水平线,在线上画出1、2、3、4号4个点,1、2、3号分别用毛细管将3种氨基酸标准液2μL点出约2mm直径大小的扩散圆点,再在4号点上分别点上3种氨基酸标液各2μL。

### 2. 展开（上行法）

展开缸内加入正丁醇-甲酸-水（60∶12∶8）混合展开剂适量，放置至展开剂蒸气饱和后，再下降悬钩，使色谱纸浸入展开剂约 0.5 cm，记录开始展开时间。当展开剂前沿上升至 15cm 左右时，取出色谱纸，画出溶剂前沿，记录展开停止时间，将滤纸晾干或烘干。

### 3. 显色

展开剂晾干或烘干后，用喷雾器在色谱纸上均匀喷上 0.1% 茚三酮溶液，放入 100℃烘箱中烘 3~5min，至出现蓝紫色斑点为止。

## 五、注意事项

1. 色谱纸要平整，不得沾污，点样时可在下面垫一张白纸。
2. 色谱纸要挂垂直。
3. 不要用钢笔和圆珠笔在色谱纸上做记号。

## 六、思考题

1. 纸色谱分离氨基酸时，为什么不应使用手直接接触滤纸？
2. 影响比移值（$R_f$）的因素有哪些？
3. 色谱展开筒和色谱纸为什么要用展开剂饱和？

# 实验三十四　黄连粉的薄层色谱法鉴别

## 一、目的要求

1. 掌握薄层硬板的制备方法。
2. 掌握薄层色谱的一般操作方法。
3. 了解薄层色谱法在中药分析中的应用。

## 二、实验原理

中药黄连的主要有效成分为盐酸小檗碱，属生物碱类成分，利用薄层色谱可将其与其他成分分离，用对照品加以对照，经薄层展开后在紫外灯（365nm）下观察荧光斑点（或者碘化铋钾显色），可鉴别黄连药材。

## 三、仪器与试药

### 1. 仪器

三用紫外分析仪、双槽薄层色谱展开缸（10cm×10cm）、毛细管、具塞锥形瓶、量筒等。

## 2. 试剂与试药

黄连药材粉末，盐酸小檗碱对照品。

硅胶 G 薄层板（5cm×10cm）；乙醚、环己烷、乙酸乙酯、异丙醇、甲醇、三乙胺、浓氨水（均为分析纯）。

# 四、实验内容与步骤

## 1. 供试品及对照品溶液的制备

取黄连粉末 0.5g，加乙醚 10mL，超声处理 15min，滤过，弃去乙醚液，残渣加甲醇 5mL，超声处理 15min，滤过，滤液浓缩至 1mL，作为供试品溶液。再取盐酸小檗碱对照品，加甲醇制成每 1mL 含盐酸小檗碱 0.5mg 的溶液，作为对照品溶液。

## 2. 点样

分别用毛细管吸取供试品溶液及对照品溶液各 1μL，点样于同一硅胶 G 薄层板上，一般为圆点，点样基线距底边 1.5cm，点样直径一般不大于 2mm，点间距离可视斑点扩散情况以不影响检出为宜。点样时必须注意勿损伤薄层表面。

## 3. 展开

在双槽薄层色谱展开缸的一槽放入展开剂［环己烷-乙酸乙酯-异丙醇-甲醇-水-三乙胺（3∶3.5∶1∶1∶1.5∶0.5∶1）］约 10mL，另一槽放入盛装有浓氨试液的小烧杯，将点样的薄层板放入盛装有浓氨试液的一槽，密闭预饱和后（20min），迅速将薄层板放入盛装展开剂的槽中，密盖，展开（展开剂浸没薄层板下端的深度为 0.5cm），待展开剂前沿离起始线约 8cm 时，取出，立即用铅笔画出前沿，晾干。

## 4. 检视

将薄层板置紫外灯（365nm）下检视，在供试品色谱中，在与对照品色谱相应的位置上，显相同颜色的荧光斑点，并分别测量其 $R_f$ 值（或喷稀碘化铋钾试液显色，观察斑点的颜色）。

# 五、注意事项

1. 点样基线距底边 1.5cm，点样直径一般不大于 2mm。
2. 展开取出薄层板后，应立即标示溶剂前沿。
3. 控制好饱和时间，否则将影响展开效果。

# 六、思考题

1. 实验中加入浓氨试液的目的是什么？
2. 简述产生边缘效应的原因以及减小边缘效应可采取的方法。

# 实验三十五  五味子的薄层色谱法鉴别

## 一、目的要求

1. 掌握荧光薄层色谱的原理及应用。
2. 了解薄层色谱在中药分析中的应用。

## 二、实验原理

中药五味子中主要有效成分为木脂素类,五味子甲素为主要有效成分之一,可吸收紫外光,在硅胶 $GF_{254}$ 薄层板上形成暗斑,用对照药材和对照品进行对照,可起到鉴别五味子的作用。

## 三、仪器与试药

### 1. 仪器

双槽薄层色谱展开缸、玻璃板（6cm×20cm，厚3mm）、毛细管（2μL）、研钵、喷雾瓶（50mL）、分析天平、三用紫外分析仪等。

### 2. 试剂与试药

硅胶 $GF_{254}$（薄层色谱用）、羧甲基纤维素钠、氯仿、石油醚（30~60℃）、甲酸（分析纯）、甲酸乙酯。

五味子药材、五味子对照药材、五味子甲素对照品。

## 四、实验内容与步骤

### 1. 硅胶 $GF_{254}$ 薄层板的制备

称取硅胶 $GF_{254}$ 1份与3份 0.5%~0.8%的羧甲基纤维素钠放入研钵中,研匀,倒入涂布器中进行涂布（厚度为 0.25~0.5mm），涂好的薄层板于室温下置水平台上晾干,于110℃烘30min,冷却后放入干燥器中备用。

### 2. 试样及对照品溶液的制备

取五味子粉末1g,加氯仿20mL,置水浴上加热回流0.5h,滤过,滤液蒸干,残渣加氯仿1mL使溶解,作为试样溶液。另取五味子对照药材,同法制成对照药材溶液。再取五味子甲素对照品,加氯仿制成每毫升含1mg的溶液,作为对照品溶液。

### 3. 点样

用定量毛细管吸取上述3种溶液各2μL,分别点于同一硅胶 $GF_{254}$ 薄层板上,一一般为圆点，点样基线距底边3cm，点样直径一般不大于2mm，点间距离可视斑点扩散情况以不影响检出为宜。点样时必须注意勿损伤薄层表面。

端距：3cm；点距：1.5cm；点直径：2mm。

### 4. 展开

以石油醚-甲酸乙酯-甲酸（15∶5∶1）的上层溶液为展开剂。将展开剂放入色谱展开缸内，密封，待饱和（15~30min）后展开，展开剂浸没薄层板下端的深度为0.5cm为宜。待展开剂前沿离起始线约10cm时，取出，立即用铅笔画出前沿，晾干。

### 5. 检视

将晾干后的薄层板置紫外灯（254nm）下检视，供试品色谱中，在与对照药材和对照品色谱相应的位置上，显相同颜色的斑点。

## 五、注意事项

1. 自制的薄层板应平整、均匀、无麻点、无气泡、无污损。
2. 点样时最好将对照品与试样交叉点样。

## 六、思考题

1. 用硅胶$GF_{254}$板做薄层鉴别时，适用于哪些化合物？
2. 产生边缘效应的原因是什么？

# 第十二章 气相色谱法

## 一、气相色谱法基本原理

气相色谱法是一种基于物质在气态流动相和固定相之间的分配系数差异来实现混合物分离的分析技术。在该方法中，气体作为流动相携带待分离的混合物通过填充有固定相的色谱柱，由于混合物中不同组分在两相之间的分配系数存在差异，从而各组分依次先后流出色谱柱而得到分离。根据流出组分的物理或物理化学性质，选择适宜的检测器进行检测，将组分的浓度或质量信息转换成易于测量的电信号（如电流、电压等）。这些电信号随时间的变化由记录仪记录，形成色谱流出曲线，进而用于进行混合物的定性和定量分析。

## 二、气相色谱法实验

气相色谱仪性能检查实验，使学生掌握气相色谱仪的一般使用方法；气相色谱法定性分析实验，使学生掌握气相色谱法定性分析的方法；丁香酚的含量测定实验，使学生掌握气相色谱仪中氢焰离子化检测器（FID）和外标法的定量分析；无水乙醇中微量水分的测定实验，使学生掌握气相色谱仪中热导池检测器（TCD）和内标法的定量分析。

## 实验三十六  气相色谱仪性能检查

### 一、目的要求

1. 掌握气相色谱仪的一般使用方法。
2. 熟悉定性、定量误差的主要来源，气相色谱仪主要性能的检查及定量计算方法。

### 二、实验原理

根据塔板理论计算色谱柱的理论塔板数（$n$）或理论塔板高度（$H$），用于评价色谱柱的性能。利用分离度公式计算两组分的分离度，用于评价色谱条件。

## 三、仪器与试药

### 1. 仪器

气相色谱仪［氢焰离子化检测器（FID）］。

### 2. 试剂与试药

苯（AR）、甲苯（AR）、苯-甲苯（1∶1）溶液、含 0.05％苯的二硫化碳溶液、苯-甲苯（1∶1）的 0.05％二硫化碳溶液。

## 四、实验内容与步骤

### 1. 仪器定性与定量重复性检查

(1) 实验条件

氢火焰离子化检测器；柱温 80℃ ± 5℃；气化器及氢火焰离子化检测器温度 120℃；载气 $N_2$ 30～40mL/min；燃气 $H_2$；$H_2$∶$N_2$ = 1∶1；助燃气空气；$H_2$∶空气 = 1∶5～1∶10；进样量 0.5μL，进样 3 次。

(2) 实验方法

氢焰用苯-甲苯（1∶1）的 0.05％二硫化碳溶液。进样量 0.2～0.7μL，连续进样 5 次，并计算定量重复性。

$$Q = \left| \frac{\overline{W} - Z_X}{\overline{W}} \right| \times 100\%。$$

式中，$Q$ 为最大相对误差；$\overline{W}$ 为 5 次进样测得的平均值；$Z_X$ 为某次进样测量之差；$\overline{W} - Z_X$ 为最大偏差。定性计算时，$\overline{W}$、$Z_X$ 用苯和甲苯的保留时间之差代入计算；定量计算时，$\overline{W}$、$Z_X$ 用苯和甲苯的峰高比代入计算。

(3) 记录与数据处理

实验数据记录于表 12-1 中。按表中数据计算定性和定量重复性。

表 12-1　实验数据表

| 次数 | $t_{R_1}$ /min | $t_{R_2}$ /min | $t_{R_2} - t_{R_1}$ /min | $h_1$ /cm | $h_2$ /cm | $h_1/h_2$ /cm | $W_{1/2}^{R_1}$ /cm | $W_{1/2}^{R_2}$ /cm |
|---|---|---|---|---|---|---|---|---|
| 1 | 2.12 | 4.48 | 2.36 | 13.72 | 6.34 | 2.16 | 0.236 | 0.499 |
| 2 | 2.12 | 4.49 | 2.37 | 13.65 | 6.30 | 2.17 | 0.240 | 0.499 |
| 3 | 2.12 | 4.51 | 2.39 | 13.65 | 6.29 | 2.17 | 0.250 | 0.499 |
| 4 | 2.13 | 4.51 | 2.38 | 13.68 | 6.28 | 2.18 | 0.247 | 0.499 |
| 5 | 2.12 | 4.52 | 2.39 | 13.82 | 6.36 | 2.17 | 0.243 | 0.494 |
| 平均值 | 2.12 | 4.50 | 2.38 | 13.70 | 6.32 | 2.17 | 0.243 | 0.498 |

注：$t_{R_1}$、$t_{R_2}$ 分别为苯、甲苯的保留时间，$h_1$、$h_2$ 分别为苯、甲苯的峰高，$W_{1/2}^{R_1}$、$W_{1/2}^{R_2}$ 分别为苯、甲苯的半峰宽。

定性重复性：

$$Q = \left|\frac{\overline{W} - Z_X}{\overline{W}}\right| \times 100\%$$

$$\overline{W} = \overline{t_{R_2} - t_{R_1}}$$

$Z_X = t_{R_2} - t_{R_1}$，选偏差最大者

$$Q = \left|\frac{2.38 - 2.36}{2.38}\right| \times 100\%$$
$$= 0.84\%$$

定量重复性：

$$Q = \left|\frac{\overline{W} - Z_X}{\overline{W}}\right| \times 100\%$$

$$\overline{W} = \overline{h_1/h_2}$$

$Z_X = h_1/h_2$，选偏差最大者

$$Q = \left|\frac{2.17 - 2.16}{2.18}\right| \times 100\%$$
$$= 0.46\%$$

### 2. 理论塔板数及分离度的计算

将仪器的定性、定量重复性检查所得苯（$R_1$）及甲苯（$R_2$）的保留时间（$t_{R_1}$、$t_{R_2}$）及峰宽（$W_{R_1}$、$W_{R_2}$）代入下式计算苯和甲苯的理论塔板数（$n$）、塔板高度（$H$）及分离度（$R$）。

$$n = 5.54 \times \left(\frac{t_R}{W_{1/2}}\right)^2$$

$$H = \frac{L}{n}$$

$$R = \frac{2(t_{R_2} - t_{R_1})}{W_{R_1} + W_{R_2}}$$

注意：$W$ 与 $t_R$ 单位一致，$H$ 的单位为 mm。

# 实验三十七　气相色谱法定性分析

## 一、目的要求

1. 练习气相色谱仪的使用。
2. 学习气相色谱定性分析方法。

## 二、实验原理

气相色谱法定性分析主要是基于样品中各组分在色谱柱中的保留时间差异来实现

的。当样品进入色谱柱后，不同组分的性质不同，与固定相的相互作用力不同，导致它们在柱中移动速度各异，最终以不同的时间顺序被洗脱出柱。通过对比样品中未知组分的保留时间与已知标准物质的保留时间，可以对样品进行定性分析。

## 三、仪器与试药

### 1. 仪器

气相色谱仪［热导检测器（TCD）］、微量进样器（10μL、1μL）。

### 2. 试剂与试药

环己烷（AR）、苯（AR）、甲苯（AR）。

## 四、实验内容与步骤

1. 按仪器操作说明书控制各项实验条件。
   色谱柱：不锈钢，2m ×4mm。
   固定相：15%邻苯二甲酸二壬酯（DNP）-6201 担体（60～80 目）。
   温度：柱室 100℃，检测室 130℃，气化室 150℃。
   载气流量：$H_2$，60mL/min。
   进样量：0.8μL。
   桥电流：180mA。

2. 待仪器稳定后，用 10μL 注射器注射 5μL 空气，记录色谱图及出峰时间。

3. 用 1μL 微量进样器注射 0.8μL 环己烷-苯-甲苯的混合液，记录色谱图及出峰时间。

4. 用 1μL 微量进样器分别吸取以上 3 种试剂 0.8μL 并注射进样，记录色谱图及出峰时间。

5. 将保留时间、调整保留时间和相对保留值（以苯为基准）列成表格，确定混合物中各峰为何物。

## 五、注意事项

1. 实验前，对色谱仪整个气路系统必须进行检漏。如有漏气点，应进行排除。

2. 为了防止热丝烧断，开机前应先通气，然后通桥电流。关机时应先关桥电流，后关气。不得超过最高桥电流（见仪器说明书）。

3. 微量注射器应小心使用，用力不可过猛，芯子不要折弯，也不要将芯子全部拉出套外。如果溶液中有难挥发溶质，使用完毕立即用乙醇或丙酮多次清洗，以免芯子受污染而卡死。

## 六、思考题

1. 保留时间、调整保留时间和相对保留值如何定义？它们的各自特点和适用范围如何？

2. 根据色谱原理，试推测在实验中环己烷、苯、甲苯出峰的先后顺序。

3. GC 法定性的原理是什么？

4. 本实验中分离环己烷、苯、甲苯，为什么选用邻苯二甲酸二壬酯（DNP）作固定液？

# 实验三十八　丁香药材中丁香酚含量的测定

## 一、目的要求

1. 掌握气相色谱中外标法的定量方法。
2. 熟悉气相色谱仪的使用。

## 二、实验原理

外标法主要包括标准曲线法、外标一点法和外标二点法三种。标准曲线法是将对照品物质配制成一系列不同浓度的对照品溶液，进样后根据对照品溶液的浓度和峰面积绘制标准曲线，求出标准曲线的回归方程。在完全相同的条件下，准确进样，样品溶液进样量与对照品溶液进样量相同时，可以根据待测组分的色谱峰面积信号，代入标准曲线的回归方程计算出待测组分浓度。当标准曲线的截距为 0 时，可采取外标一点法进行定量分析。当标准曲线的截距不为 0 时，则需采用外标二点法定量。

## 三、仪器与试药

### 1. 仪器

气相色谱仪（FID）、$1\mu L$ 的微量进样器、超声波提取仪。

### 2. 试剂与试药

正己烷（AR）、丁香酚对照品、丁香药材。

## 四、实验内容与步骤

### 1. 仪器条件

以聚乙二醇 20000（PEG-20M）为固定相，涂布浓度为 10%；柱温 190℃；理论塔板数按丁香酚计算应不低于 1500。

### 2. 对照品溶液的制备

取丁香酚对照品适量，精密称定，加正己烷制成每 1mL 含 2mg 的溶液，即得。

### 3. 试样溶液的制备

取丁香粉末（过 24 目筛）约 0.3g，精密称定，精密加入正己烷 20mL，称定重量，超声处理 15min，放置至室温，再称定质量，用正己烷补足减失的质量，摇匀，滤过，即得。

## 五、测定

分别精密吸取对照品溶液与试样溶液各 1μL，注入气相色谱仪，测定，并计算含量。

## 六、思考题

1. 绘制标准曲线的主要步骤包括哪些？
2. 外标一点法的适用条件和优势分别是什么？

# 实验三十九　无水乙醇中微量水分含量的测定

## 一、目的要求

1. 掌握气相色谱仪测定样品中微量水分的方法。
2. 掌握内标法的原理。

## 二、实验原理

用气相色谱法测定有机物中的微量水分时，常选用聚合物固定相，如 GDX 系列或有机 401~408 系列。这类多孔高分子微球的表面无亲水基团，对氢键型化合物如水、醇等的亲和力很弱，一般按分子量大小顺序出峰。水先出峰，有机物出峰在后，对测定水峰无干扰。

内标法是选择样品中不含有的纯物质作为对照物质加入待测样品溶液中，对比待测组分和对照物质的响应信号，测定待测组分的含量。

## 三、仪器与试药

### 1. 仪器

气相色谱仪（TCD），10μL 的微量进样器，100mL 移液管，具塞锥形瓶等。

### 2. 试剂与试药

待测无水乙醇，无水甲醇（GR）。

## 四、实验内容与步骤

### 1. 供试品溶液配制

准确量取 100mL 待检的无水乙醇，用减重法加入约 0.25g 无水甲醇，精密称定质量,记为 $m_{样}$,摇匀待用。

### 2. 色谱条件

色谱柱:GDX203,2m 玻璃柱;载气:氢气,流速 30mL/min;桥电流:150mA;柱温 90℃,汽化室温度 120℃,检测器温度 120℃。

### 3. 测定数据

微量进样器吸取样品 5~10μL,进样,记录色谱图,重复进样 3 次。

## 五、数据处理

根据实验数据按下式计算无水乙醇中微量水分的含量。

$$水分含量 = \frac{A_{水} \, f_{水}}{A_{甲醇} \, f_{甲醇}} \times \frac{m_{甲醇}}{m_{样}} \times 100\%$$

式中,$A_{水}$、$A_{甲醇}$ 分别为水和甲醇的峰面积;$f_{水}$、$f_{甲醇}$ 分别为水和甲醇的相对质量校正因子;$m_{甲醇}$、$m_{样}$ 分别为甲醇和样品的质量。

## 六、思考题

1. 色谱峰出峰顺序为空气、水、甲醇、乙醇,其色谱机理是什么?
2. 为什么用甲醇作内标物?
3. 为什么用氢气作流动相?

# 实验四十 气相色谱法测定八角茴香中反式茴香脑的含量

## 一、实验目的

1. 掌握气相色谱仪测定中药中有效成分含量的操作方法和原理。
2. 掌握外标一点法定量的原理和适用条件。

## 二、实验原理

反式茴香脑($C_{10}H_{12}O$,148.20g/mol)是中药八角茴香的主要有效成分,属于苯丙烯化合物,具有挥发性,故采用气相色谱法-氢焰离子化检测器测定其含量。

反式茴香脑结构式

本实验采用外标一点法进行定量。该法应用前提是标准曲线过原点,即曲线的截距为 0,且对照品溶液浓度与供试品溶液浓度相当,均在线性范围内。外标一点法简便易行,但要求进样量准确及实验条件稳定。外标法的优点是仅要求被测组分出峰,峰形正常,无干扰,保留时间适宜即可。

## 三、仪器与试药

### 1. 仪器

气相色谱仪（FID）、PEG-20M 毛细管柱、电子天平、超声清洗仪等。容量瓶、锥形瓶、烧杯、漏斗、玻璃棒、铁架台、胶头滴管、量筒、25mL 移液管。

### 2. 试剂与试药

乙醇（分析纯）；八角茴香，八角茴香为木兰科植物八角茴香（*Illicium verum* Hook. f.）的干燥成熟果实。

## 四、实验内容与步骤

### 1. 色谱条件与系统适用性试验

聚乙二醇 20000（PEG-20M）毛细管柱（柱长为 30m，内径为 0.32mm，膜厚度为 0.25μm）；程序升温：初始温度 100℃，以每分钟 55℃ 的速率升温至 200℃，保持 8min；进样口温度 200℃，检测器温度 200℃。理论塔板数按反式茴香脑峰计算应不低于 30000。

### 2. 对照品溶液的制备

取反式茴香脑对照品适量，精密称定，加乙醇制成每 1mL 含 0.4mg 的溶液，即得。

### 3. 供试品溶液的制备

取本品粉末（过 3 号筛）约 0.5g，精密称定，精密加入乙醇 25mL，称定质量，超声处理（功率 600W，频率 40kHz）30min，放冷，再称定质量，用乙醇补足减失的质量，摇匀，滤过，取续滤液，即得。

### 4. 测定法

分别精密吸取对照品溶液与供试品溶液各 2μL，注入气相色谱仪，平行测定 3 次取平均值，即得。

本品含反式茴香脑（$C_{10}H_{12}O$）不得少于 4.0%。

## 五、数据处理及记录

反式茴香脑的含量（$W$）按下式计算：

$$W = \frac{25 \times \overline{A} \times c_{对}}{\overline{A}_{对} \times m \times 1000} \times 100\%$$

式中，$\overline{A}$ 和 $\overline{A}_{对}$ 分别为供试品和对照品的峰面积；$c_{对}$ 为对照品的浓度，mg/L；$m$ 为供试品取样量，g。

将实验数据记录于表 12-2 中。

表 12-2　八角茴香中反式茴香脑的含量测定

| 项目 | 第 1 次 | 第 2 次 | 第 3 次 | 平均值 | 相对平均偏差/% |
|---|---|---|---|---|---|
| 供试品取样量/g | | | | | |
| 对照品峰面积 | | | | | |
| 供试品峰面积 | | | | | |
| 供试品百分含量/g | | | | | |

## 六、思考题

1. 本实验是否可以采用内标法，为什么？
2. 本气相色谱实验为什么采用程序升温法？
3. 本实验为什么选择 PEG-20M 毛细管柱？

# 第十三章
# 高效液相色谱法

## 一、高效液相色谱法基本原理

高效液相色谱法（HPLC）是在经典液相色谱的基础上引入了气相色谱（GC）的理论和技术，采用高压泵、高效固定相，以及高灵敏度检测器发展而成的分离分析方法。高效液相色谱用液体作为流动相，由于液体和气体性质的差异，液相色谱的速率方程式在纵向扩散项（$B/u$）和传质阻力项（$Cu$）上与气相色谱有所差异。1958年Giddings等人提出了液相色谱速率方程：

$$H=A+B/u+(C_m+C_{sm}+C_s)u$$

式中，$A$ 为涡流扩散项；$B/u$ 为分子扩散项；$C_m u$ 为流动相的传质阻力项；$C_{sm} u$ 为静态流动相的传质阻力项；$C_s u$ 为固定相的传质阻力项。

在液相色谱中，因为流动相液体黏度大，扩散系数仅为GC的 $1/10^5$，所以，纵向扩散项 $B/u$ 的影响可忽略不计。另外，由于HPLC的固定相通常是采用化学键合相，固定相的传质阻抗可以忽略。因此，减小固定相颗粒及流动相液体的黏度可以减小峰展宽，提高柱效。速率方程的表现形式为：

$$H=A+(C_m+C_{sm})u$$

## 二、高效液相色谱法实验

通过高效液相色谱仪柱效能和分离度的测定实验，学生掌握色谱柱柱效的评价方法；外标法测定淫羊藿中淫羊藿苷的含量、甲硝唑片中甲硝唑的含量、茶叶中儿茶素类成分的含量实验，使学生掌握高效液相色谱法外标一点法定量分析方法；标准曲线法测定芍药苷的含量实验，使学生掌握高效液相色谱法标准曲线法定量分析方法；中药厚朴中厚朴酚与和厚朴酚的提取及含量测定，一测多评法测定淫羊藿药材中有效成分的含量、一测多评法测定地稔药材中6个成分的含量和阿司匹林中游离水杨酸的检查中部分为综合性实验，使学生掌握中药有效成分含量测定、供试品溶液制备方法及多指标成分质控方法；HPLC法测定山楂中有效成分的含量为设计性实验，使学生掌握实验设计基本原理和方法。

# 实验四十一　高效液相色谱仪柱效能和分离度的测定

## 一、目的要求

1. 掌握色谱柱理论塔板数、理论塔板高度和色谱峰拖尾因子的计算方法。
2. 掌握如何计算分离度。
3. 了解考察色谱柱基本特性的方法和指标。

## 二、实验原理

### 1. 理论塔板数和理论塔板高度的测试

根据塔板理论，理论塔板数越大，板高越小，柱效能越高。通过测试苯、萘、菲、联苯的理论塔板数判断其柱效的高低。

### 2. 拖尾因子的计算

色谱柱的热力学性质和柱填充均匀与否，将影响色谱峰的对称性，色谱峰的对称性用峰的拖尾因子（$T$）来衡量，$T$ 应在 $0.95\sim1.05$ 之间。

### 3. 分离度的计算

分离度是从色谱峰判断相邻二组分在色谱柱中总分离效能的指标，用 $R$ 表示，分离度应大于 1.5。

## 三、仪器与试药

### 1. 仪器

液相色谱仪（紫外检测器）、$C_{18}$ 反相键合色谱柱（150mm×4.6mm）、微量注射器（25$\mu$L）、过滤器（0.45$\mu$m）、脱气装置。

### 2. 试剂与试药

苯、萘、菲、联苯、甲醇（色谱纯）、重蒸馏水（新制）。

## 四、实验内容与步骤

### 1. 色谱条件

流动相为甲醇-水（80∶20）；固定相为 $C_{18}$ 反相键合色谱柱；检测波长为 254nm；流速为 1mL/min。

### 2. 试样的制备

取苯、萘、菲、联苯的甲醇溶液（1μg/mL），作为试样溶液。

### 3. 流动相

配置甲醇-水（体积比 80∶20）液，然后过滤并脱气。

### 4. 测定

吸取试样溶液，注入色谱仪，记录色谱图。计算萘的理论塔板数（$n$），各组分的拖尾因子（$T$）及苯与萘、菲与联苯的分离度（$R$）。

## 五、注意事项

1. 在使用本仪器前，应了解仪器的结构、功能和操作程序。
2. 所有的流动相使用前必须先脱气。
3. 开机时先打开工作站，排气泡后再连接泵，最后连接检测器，关闭顺序与开机相反。

## 六、数据处理

### 1. 理论塔板数的计算

$$n = 5.54 \times \left(\frac{t_R}{W_{1/2}}\right)^2$$

式中，$t_R$ 为物质保留时间；$W_{1/2}$ 为半峰宽高。
根据公式计算出苯、萘、菲、联苯的理论塔板数。

### 2. 拖尾因子 $T$ 的计算公式

$$T = \frac{W_{0.05h}}{2d_1}$$

式中，$W_{0.05h}$ 为 0.05 峰高处的峰宽；$d_1$ 为峰极大至峰前沿之间的距离。

### 3. 分离度计算公式

$$R = \frac{2(t_{R_2} - t_{R_1})}{W_1 + W_2}$$

式中，$t_{R_2}$ 为相邻两峰后一峰的保留时间；$t_{R_1}$ 为相邻两峰前一峰的保留时间；$W_1$ 及 $W_2$ 为相邻两峰的峰宽。

## 七、思考题

1. 说明苯、萘、菲、联苯在反相色谱中的洗脱顺序。
2. 流动相在使用前为何要脱气？

# 实验四十二　外标法测定淫羊藿中淫羊藿苷的含量测定

## 一、目的要求

1. 练习使用高效液相色谱仪。
2. 学会用外标法定量分析。

## 二、实验原理

淫羊藿为小檗科植物淫羊藿的干燥地上部分，是一种常用中药，具有补肾壮阳、强筋骨、祛风湿之功效。其含有多种药理活性成分，主要为淫羊藿苷（$C_{33}H_{40}O_{15}$）等黄酮类化合物，被广泛应用于治疗更年期综合征、骨质疏松和心血管疾病等。

本实验按照现行《中国药典》一部淫羊藿含量测定项下规定，用外标法进行定量分析。本品按干燥品计算，含淫羊藿苷（$C_{33}H_{40}O_{15}$）不得少于0.50％。

外标法可分为外标一点法、外标二点法及标准曲线法。当标准曲线法截距为0时，可用外标一点法定量。在药物分析中，为了减少实验条件波动对分析结果的影响，采用随行外标一点法，即每次测定都同时进对照品与试样溶液。

## 三、仪器及试药

### 1. 仪器

液相色谱仪（紫外检测器）、$C_{18}$反相键合色谱柱（250mm×4.6mm）、微量注射器（25μL）、微孔滤膜（0.45μm）、移液管（20mL）、具塞锥形瓶（50mL）、超声提取器、注射器、滤纸等。

### 2. 试剂与试药

乙腈（色谱纯）、稀乙醇、重蒸馏水（新制）。

## 四、实验内容及步骤

### 1. 色谱条件与系统适用性试验

流动相为乙腈-水（体积比30∶70），流速为1mL/min；固定相为$C_{18}$反相键合色谱柱；检测波长为270nm。理论塔板数按淫羊藿苷峰计算应不低于8000。

### 2. 对照品溶液的制备

取淫羊藿苷对照品适量，精密称定，加甲醇溶解并制成每1mL含0.1mg的溶液，作为对照品溶液，即得。

### 3. 供试品溶液的制备

取本品粉末（过3号筛）约0.2g，精密称定，置具塞锥形瓶中，精密加入稀乙醇

20mL，称定质量，超声处理 1h，再称定质量，用稀乙醇补足减失的质量，摇匀，滤过，取续滤液，即为供试品溶液。

### 4. 测定法

分别精密吸取对照品溶液与供试品溶液各 10μL，注入液相色谱仪，测定，即得。

## 五、注意事项

1. 仪器操作时应严格按照操作规程进行。
2. 取样量要准确。
3. 试样溶液提取时要注意补足减失的质量，超声提取温度不宜过高。

## 六、思考题

1. 外标一点法主要误差来源是什么？
2. 紫外检测器的优缺点各是什么？

# 实验四十三　标准曲线法测定赤芍中芍药苷的含量

## 一、目的要求

1. 掌握高效液相色谱法的应用。
2. 学会用标准曲线法定量分析。

## 二、实验原理

外标法除了外标一点法、外标二点法外，还有标准曲线法。标准曲线法定量分析，即已知量的标准物质用与试样相同的溶剂配成一系列的标准溶液，用与试样相同的色谱条件进行测定，记录峰面积，以峰面积为纵坐标、标准溶液的浓度为横坐标绘制标准曲线。然后在同样条件下测定试样溶液的峰面积，由标准曲线求出试样中待测组分的含量。

## 三、仪器与试药

### 1. 仪器

液相色谱仪（紫外检测器）、十万分之一电子分析天平、微量注射器（10μL）、$C_{18}$ 反相色谱柱、量瓶（25mL）、吸量管、超声提取器等。

### 2. 试剂与试药

甲醇（或乙腈，均为色谱纯）、磷酸二氢钾、重蒸馏水；芍药苷对照品、赤芍药材。

## 四、实验内容与步骤

### 1. 色谱条件

$C_{18}$ 反相键合硅胶填充柱；流动相为甲醇-0.05mol/L 磷酸二氢钾溶液（40∶60），或乙腈-水（17∶83）；检测波长 230nm；流速 1mL/min；按芍药苷计算理论塔板数不低于 3000。

### 2. 对照品溶液的制备

精密称取在五氧化二磷减压干燥器中干燥的芍药苷对照品适量，配成 0.1mg/mL 的溶液。

### 3. 试样溶液的制备

取赤芍药材粉末（过 2 号筛）0.1g，精密称定，置具塞锥形瓶中，精密加入甲醇 25mL，密塞，称定质量，浸泡 4h，超声 20min，放冷，再称定质量，用甲醇补足减失的质量，摇匀，滤过，即得。

### 4. 标准曲线的制备

分别精密吸取对照品溶液 2μL、4μL、6μL、8μL、10μL，注入液相色谱仪，按上述色谱条件测定峰面积。以测定的峰面积为纵坐标，以芍药苷质量为横坐标，绘制标准曲线，并计算回归方程，确定线性范围。

### 5. 测定

精密吸取试样溶液 10μL，注入液相色谱仪，按上述色谱条件测定峰面积，并计算含量。

## 五、注意事项

1. 试样溶液提取时要注意补足减失的质量，以免由于溶液的浓度改变而影响芍药苷的含量。
2. 试样溶液的浓度应该控制在线性范围内。

## 六、数据处理

1. 根据标准曲线计算回归方程。
2. 根据标准曲线计算相关系数。
3. 根据回归方程计算供试品中芍药苷的含量。

## 七、思考题

1. 试述标准曲线法和外标两点法定量的优缺点。

2. 当回归方程的截距不为 0，即标准曲线不过原点时能否用外标一点法测定待测组分的含量？

# 实验四十四　中药厚朴中厚朴酚与和厚朴酚的提取与含量测定

## 一、目的要求

1. 了解中药厚朴中厚朴酚及和厚朴酚的提取与含量测定方法。
2. 了解 HPLC 测定中药有效成分的步骤和方法。

## 二、实验原理

厚朴酚与和厚朴酚是中药厚朴的有效成分，两种物质在 294nm 波长处均有最大吸收，可用适当的溶液提取后，用 ODS 柱分离，再用紫外检测器检测，计算厚朴中两种成分的含量。

厚朴酚　　　　　　　　　　和厚朴酚

## 三、仪器与试药

### 1. 仪器

高效液相色谱仪、超声波提取仪、具塞锥形瓶、容量瓶、移液管等。

### 2. 试剂与试药

甲醇（色谱纯）、重蒸馏水、厚朴粉末（过 3 号筛）、厚朴酚对照品及和厚朴酚对照品。

## 四、实验内容与步骤

### 1. 试样的提取与制备

试样溶液的制备：取厚朴粉末（过 3 号筛）0.2g，精密称定，置具塞锥形瓶中，准确加入甲醇 25mL，摇匀，密塞，浸渍 24h，称定质量，摇匀，滤过。精密量取滤液 5mL，置 25mL 容量瓶中，加甲醇至刻度，摇匀，即得。

对照品溶液的制备：精密称取厚朴酚、和厚朴酚对照品适量，加甲醇分别制成每 1mL 含厚朴酚 40μg、和厚朴酚 24μg 的溶液，即得。

### 2. 色谱条件

填充柱：十八烷基硅烷键合硅胶；流动相：甲醇-水（78∶22）；检测器及检测波长：紫外检测器，294nm。

### 3. 含量测定

分别精密吸取上述两种对照品溶液各 4μL 与试样溶液 3～5μL，注入液相色谱仪，测定并计算含量。

## 五、注意事项

1. 严格按照实验管理制度规范使用高效液相色谱仪。
2. 实验结束时，应按规定清洗、整理实验室仪器等，做好登记。

## 六、数据处理

以厚朴酚对照品、和厚朴酚对照品为参照，采用外标一点法分别计算其含量。

## 七、思考题

1. HPLC 的定量方法有哪几种，本实验中所用的是什么方法？
2. 本实验所用色谱方法属于正相色谱还是反相色谱，应用范围如何？

# 实验四十五　一测多评法测定淫羊藿药材中有效成分的含量（综合性实验）

## 一、目的要求

1. 掌握中药多指标成分一测多评法的测定原理和计算方法。
2. 了解一测多评法在中药质量控制中的应用。

## 二、实验原理

"一测多评"（quantitative analysis of multi-components by single marker, QAMS）由王智民等学者研究提出，即利用有效化学成分间内在的函数关系和比例关系，只测定 1 个成分（对照品可得到、廉价者），来实现对多个成分（对照品没有或难以得到者）的同步监控，该研究思路已经在众多药材或复方制剂中得到验证和广泛应用。其基本原理如下：

在一定的线性范围，成分的量（质量或浓度）与检测器响应成正比。在多指标（$s, a, b, \cdots, i, \cdots$）质量评价时，以药材（或成药）中某一典型有效成分作内参物（s），建立内参物与其他待测成分（a, b, ⋯, i, ⋯）间的相对校正因子（RCF, $f_{sa}$, $f_{sb}$, $f_{sc}$, ⋯），按下式计算：

$$f_{si} = \frac{f_s}{f_i} = \frac{A_s/c_s}{A_i/c_i} = \frac{A_s}{A_i} \times \frac{c_i}{c_s}$$

式中，$A_s$ 为内参物对照品 s 峰面积；$c_s$ 为内参物对照品 s 浓度；$A_i$ 为某待测成分对照品 i 峰面积；$c_i$ 为某待测成分对照品 i 浓度。

在方法学建立时，主要是求出内参物与各待测成分间的相对校正因子 RCF，并把它作为一个常数用于含量测定中。

在测定含量时，内参物（s）的浓度可按常规方法进行测定（$W_s$）；应用 RCF（$f_{sa}$, $f_{sb}$, $f_{sc}$, ⋯），结合内参物（s）实测值 $W_s$，按下式计算待测成分（a, b, ⋯, i, ⋯）的浓度。

$$c_i = f_{si} \times c_s \times \frac{A_i}{A_s}$$

式中，$A_i$ 为供试品中待测成分 i 的峰面积；$c_i$ 为供试品中待测成分 i 的浓度；$A_s$ 为供试品中内参物 s 的峰面积；$c_s$ 为供试品中内参物的浓度；$f_{si}$ 为内参物 s 对待测成分 i 的校正因子。

本实验以一测多评法测定淫羊藿中黄酮类成分朝藿定 A、朝藿定 B、朝藿定 C、淫羊藿苷多指标成分含量，以淫羊藿苷为对照品，各成分峰位以其相对保留时间定位，其相对保留时间应在规定值的±5%范围之内。相对保留时间及校正因子见表13-1。

表 13-1　待测成分（峰）相对保留时间及校正因子

| 待测成分（峰） | 相对保留时间 | 校正因子 |
| --- | --- | --- |
| 朝藿定 A | 0.73 | 1.35 |
| 朝藿定 B | 0.81 | 1.28 |
| 朝藿定 C | 0.90 | 1.22 |
| 淫羊藿苷 | 1.00 | 1.00 |

以淫羊藿苷的峰面积为对照，分别乘以校正因子，计算淫羊藿苷、朝藿定 A、朝藿定 B、朝藿定 C 的含量。

## 三、仪器与试药

### 1. 仪器

高效液相色谱仪（紫外检测器）、$C_{18}$ 色谱柱（4.6mm×250mm）、微量注射器（25μL）、微孔滤膜（0.45μm）、移液管（20mL）、具塞锥形瓶（50mL）、超声提取器、注射器、滤纸等。

### 2. 试剂与试药

淫羊藿苷对照品；淫羊藿药材；乙腈（色谱纯）、乙醇（分析纯）、甲醇（分析纯）、重蒸馏水（新制）。

## 四、实验内容与步骤

### 1. 色谱条件

填充柱：十八烷基硅烷键合硅胶；流动相为乙腈-水梯度洗脱（表 13-2），流速 1.0mL/min；柱温 30℃；检测波长 270 nm；进样量 10μL。

表 13-2　梯度洗脱程序设置

| 时间/min | 乙腈/% | 水/% |
| --- | --- | --- |
| 0～30 | 24→26 | 76→74 |
| 30～31 | 26→45 | 74→55 |
| 31～45 | 45→47 | 55→53 |

### 2. 对照品溶液的制备

取淫羊藿苷对照品适量，精密称定，加甲醇溶解并制成每 1mL 含 40μg 的溶液，作为对照品溶液。

### 3. 供试品溶液的制备

取淫羊藿药材粉末（粉碎过 3 号筛）约 0.2g，精密称定，置于 50mL 具塞锥形瓶中，精密加入稀乙醇 20mL，称定质量，超声处理（功率为 400W，频率 50kHz）1h，放冷，再称定质量，用稀乙醇补足减失质量，摇匀，过滤，取续滤液，用 0.45μm 微孔滤膜滤过，即得。

### 4. 测定

分别精密吸取上述淫羊藿苷对照品溶液和供试品溶液各 10μL，注入液相色谱仪，测定，记录淫羊藿苷、朝藿定 A、朝藿定 B、朝藿定 C 色谱峰的保留时间和峰面积。

## 五、注意事项

1. 严格按照实验室管理制度规范使用精密仪器。
2. 实验结束时，应按规定清洗、整理实验室仪器等，做好登记。

## 六、数据处理

以淫羊藿苷对照品为参照，计算各色谱峰的相对保留时间，由表 13-1 中提供的相对保留时间确定朝藿定 A、朝藿定 B、朝藿定 C 色谱峰位置，以淫羊藿苷的峰面积为对照，分别乘以表 13-1 中提供的校正因子，计算淫羊藿药材干燥品中 4 个成分的含量。

## 七、思考题

1. 简述一测多评法与内标法测定原理的区别。
2. 试述一测多评法在中药质量控制中的应用。

# 实验四十六　一测多评法测定地稔药材中6个成分的含量（创新性实验）

## 一、目的要求

1. 掌握一测多评法测定多指标成分的原理和计算方法。
2. 熟悉一测多评法在中药质量控制中的应用及注意事项。

## 二、实验原理

一测多评法指用一个对照品对多个成分进行定量，也可作为复杂体系量效关系评价的测定方法，是HPLC或UPLC同时测定中药中多个成分的新方法。其基本原理可参考实验四十五。

本实验以一测多评法测定地稔中没食子酸、原儿茶酸、牡荆素、异牡荆素、芦丁、鞣花酸多指标成分含量，以牡荆素为对照品，各成分峰位以其相对保留时间定位，其相对保留时间应在规定值的±5%范围之内。相对保留时间及校正因子见表13-3。

表13-3　待测成分（峰）相对保留时间及校正因子

| 待测成分（峰） | 相对保留时间 | 校正因子 |
| --- | --- | --- |
| 没食子酸 | 0.175 | 0.255 |
| 原儿茶酸 | 0.336 | 0.140 |
| 牡荆素 | 1.000 | 1.000 |
| 异牡荆素 | 1.092 | 1.038 |
| 芦丁 | 1.166 | 0.654 |
| 鞣花酸 | 1.215 | 0.070 |

以牡荆素的峰面积为对照，分别乘以校正因子，计算没食子酸、原儿茶酸、牡荆素、异牡荆素、芦丁、鞣花酸的含量。

## 三、仪器与试药

### 1. 仪器

超高效液相色谱仪（紫外检测器）、$C_{18}$色谱柱（2.1mm×100mm，1.8μm）、微量注射器（5μL）、微孔滤膜（0.45μm）、移液管（25mL）、具塞锥形瓶（50mL）、圆底烧瓶、冷凝管、注射器、滤纸等。

### 2. 试剂与试药

牡荆素对照品；地稔药材；甲醇（色谱纯）、磷酸（分析纯）、甲醇（分析纯）、重蒸馏水（新制）。

## 四、实验内容与步骤

### 1. 色谱条件

填充柱：十八烷基硅烷键合硅胶；流动相为甲醇-0.1‰磷酸水梯度洗脱（表13-4），流速0.2mL/min；柱温30℃；检测波长260nm；进样量0.8μL。

表13-4 梯度洗脱程序设置

| 时间/min | 甲醇/% | 0.1‰磷酸水/% |
|---|---|---|
| 0～3 | 3→3 | 97→97 |
| 4～6 | 3→5 | 97→95 |
| 6～18 | 5→10 | 95→90 |
| 18～23 | 25→25 | 75→75 |
| 23～27 | 25→30 | 75→70 |
| 27～42 | 30→35 | 70→65 |
| 42～48 | 35→40 | 65→60 |
| 48～50 | 50→50 | 50→50 |

### 2. 对照品溶液的制备

取牡荆素对照品适量，精密称定，甲醇溶解，制成0.3mg/mL牡荆素对照品溶液。

### 3. 供试品溶液的制备

取地稔粉末（过2号筛）1g，精密称定，置锥形瓶中，精密加入75％甲醇25mL，称定质量，85℃水浴回流提取1h，取出放冷，用75％甲醇补足减失的质量，摇匀，滤过，取续滤液，用0.45μm微孔滤膜滤过，即得。

### 4. 测定

分别精密吸取上述牡荆素对照品溶液和供试品溶液各0.8μL，注入超高效液相色谱仪，测定，记录牡荆素、没食子酸、原儿茶酸、异牡荆素、芦丁、鞣花酸色谱峰的保留时间和峰面积。

## 五、注意事项

1. 严格按照实验室管理制度规范使用精密仪器。
2. 实验结束时，应按规定清洗、整理实验室仪器等，做好登记。

## 六、数据处理

以牡荆素对照品为参照，计算各色谱峰的相对保留时间，由表13-3中提供的相对保留时间确定没食子酸、原儿茶酸、异牡荆素、芦丁、鞣花酸色谱峰位置，以牡荆素的峰面积为对照，分别乘以表 13-3 中提供的校正因子，计算地毯药材干燥品中 6 个成分的含量。

## 七、思考题

1. 建立一测多评法的实验方案设计要求是什么？
2. 使用一测多评法进行含量测定时的注意事项是什么？

# 实验四十七　HPLC 法测定甲硝唑片中甲硝唑的含量

## 一、目的要求

1. 掌握 HPLC 法测定甲硝唑片中甲硝唑的含量。
2. 熟悉满足药品的质量控制要求。
3. 掌握 HPLC 法的基本原理和操作技能，提高学生的实验技能和科研能力。

## 二、实验原理

HPLC（高效液相色谱）法是一种常用的分析方法，用于测定药物中活性成分的含量。对于测定甲硝唑片中甲硝唑的含量，HPLC 法是一种可靠、准确且快速的选项。

## 三、仪器与试药

### 1. 仪器

高效液相色谱仪、分析天平、移液管、量瓶等。

### 2. 试药与试剂

甲硝唑片剂、甲硝唑对照品、甲醇、蒸馏水。

## 四、实验内容与步骤

### 1. 供试品溶液的制备

取本品 20 片，精密称定，研细，精密称取细粉适量（约相当于甲硝唑 0.25g），置 50mL 量瓶中，加 50％甲醇溶液适量，振摇使甲硝唑溶解，用 50％甲醇溶液稀释至刻度，摇匀，滤过，精密量取续滤液 5mL，置 100mL 量瓶中，用流动相稀释至刻度，摇匀。

### 2. 对照品溶液的制备

取甲硝唑对照品适量，精密称定，加流动相溶解并定量稀释制成每 1mL 中约含 0.25mg 的溶液。

### 3. 色谱条件

用十八烷基硅烷键合硅胶为填充剂；以甲醇-水（20∶80）为流动相；流速 1.0mL/min；检测波长为320nm；进样体积10μL。

### 4. 系统适用性要求

理论塔板数按甲硝唑峰计算不低于2000。

### 5. 测定法

精密量取供试品溶液与对照品溶液，分别注入液相色谱仪，记录色谱图。按外标法以峰面积计算。

## 五、注意事项

样品预处理是 HPLC 法测定的关键步骤，需要确保甲硝唑完全溶解，去除可能干扰测定的杂质。在预处理过程中，要避免样品的降解和损失，确保样品的代表性和完整性。

## 六、数据处理

1. 计算供试品溶液中样品的浓度。
2. 计算每片样品中所含被测组分的量。

## 七、思考题

高效液相色谱法的系统适应性实验应包含哪些指标？具体要求是什么？

# 实验四十八　阿司匹林片中游离水杨酸的检查（综合性实验）

## 一、目的要求

1. 掌握阿司匹林中游离水杨酸的检查原理，理解水杨酸的存在对药物质量和安全的影响。
2. 熟悉并掌握使用高效液相色谱法（HPLC）进行药物分析的基本操作技能。

## 二、实验原理

阿司匹林（乙酰水杨酸）在水解条件下，会分解产生水杨酸。游离水杨酸的检查通常通过酸碱滴定或高效液相色谱法进行。在 HPLC 法中，水杨酸和乙酰水杨酸在特定条件下在色谱柱中分离，通过紫外检测器检测，根据峰面积计算游离水杨酸的含量。

## 三、仪器与试药

高效液相色谱仪、紫外检测器、超纯水系统、电子天平、色谱柱等。阿司匹林标准品、水杨酸标准品、流动相（磷酸盐缓冲液，甲醇）、冰醋酸、超纯水等。

## 四、实验内容与步骤

### 1. 溶剂

1‰冰醋酸的甲醇溶液。

### 2. 供试品溶液的制备

取本品细粉适量（约相当于阿司匹林0.5g），精密称定，置100mL量瓶中，加溶剂振摇使其溶解并稀释至刻度，摇匀，滤膜滤过，取续滤液。

### 3. 对照品溶液的制备

取水杨酸对照品约15mg，精密称定，置50mL量瓶中，加溶剂溶解并稀释至刻度，摇匀，精密量取5mL，置100mL量瓶中，用溶剂稀释至刻度，摇匀。

### 4. 色谱条件

用十八烷基硅烷键合硅胶为填充剂；以乙腈-四氢呋喃-冰醋酸-水（体积比20：5：5：70）为流动相；检测波长为303nm；进样体积10μL。

### 5. 系统适用性要求

理论板数按水杨酸峰计算不低于5000。阿司匹林峰与水杨酸峰之间的分离度应符合要求。

### 6. 测定法

精密量取供试品溶液与对照品溶液，分别注入液相色谱仪，记录色谱图。

### 7. 限度

供试品溶液色谱图中如有与水杨酸峰保留时间一致的色谱峰，按外标法以峰面积计算，不得过0.1%。

## 五、注意事项

1.阿司匹林分子结构中含有酯键，在酸性或碱性条件下容易发生水解反应，需临用新制。

2.实验前需充分了解药物的合成途径，分析其合成所用的原料和中间体。

## 六、数据处理

供试品溶液色谱图中如有与水杨酸峰保留时间一致的色谱峰,按外标法以峰面积计算,不得过 0.1%。

## 七、思考题

1. 外标一点法的主要误差来源是什么?
2. 紫外检测器的优缺点是什么?

# 实验四十九　HPLC 法测定茶叶中儿茶素类成分的含量(综合性实验)

## 一、实验目的

1. 掌握高效液相色谱仪的操作步骤及使用方法。
2. 掌握外标一点法测定茶叶中儿茶素类含量的方法。

## 二、实验原理

茶叶中的茶多酚具有抗氧化、抗肿瘤、抗菌消炎等多种药理作用,儿茶素类化合物是茶多酚的主要活性成分,包括没食子儿茶素(GC)、表没食子儿茶素(EGC)、表没食子儿茶素没食子酸酯(EGCG)、表儿茶素(EC)、表儿茶素没食子酸酯(ECG)等,都具有紫外吸收结构,以适当的溶剂提取后,用十八烷基硅烷键合硅胶为填充剂的色谱柱分离,紫外检测器检测,采用外标一点法计算其含量。

## 三、仪器与试药

### 1. 仪器

高效液相色谱仪、十八烷基硅烷键合硅胶为填充剂的色谱柱、分析天平、容量瓶、移液管、超声波清洗仪等。

### 2. 试剂与试药

甲醇(色谱纯)、磷酸、重蒸馏水;茶叶、儿茶素类对照品等。

## 四、实验内容与步骤

### 1. 供试品溶液的制备

茶叶粉碎,精密称取 1g,置于锥形瓶中,加入 30mL 70%甲醇,于 80℃下超声提取 30min,抽滤,滤液定容至 50mL 容量瓶中,摇匀。

### 2. 对照品溶液的制备

取儿茶素类对照品适量，精密称定，甲醇溶解并定量稀释制成每 1mL 中约含 0.20mg 的溶液。

### 3. 色谱条件及系统适用性

用十八烷基硅烷键合硅胶为填充剂；以甲醇-0.1%磷酸水（体积比 28∶72）为流动相；检测波长为 280nm；进样体积 10μL。

### 4. 测定法

精密量取供试品溶液与对照品溶液，分别注入液相色谱仪，记录色谱图。按外标法以峰面积计算含量。

## 五、注意事项

1. 严格按照实验管理制度规范使用高效液相色谱仪。
2. 实验结束时，应按规定清洗、整理实验室仪器等，做好登记。

## 六、数据处理

分别记录对照品、样品中待测组分的峰面积等数据，采用外标一点法计算其含量。

## 七、思考题

1. 高效液相色谱仪由哪几大系统组成？
2. 如何根据速率方程指导色谱条件优化？

# 实验五十　HPLC 法测定山楂中有效成分的含量（设计性实验）

## 一、目的

1. 掌握 HPLC 法测定山楂中黄酮类成分含量的操作方法及原理。
2. 熟悉含量测定方法的设计思路及实验规范操作要求。

## 二、实验原理

山楂具有消食健胃、行气散瘀的功效，临床应用广泛。山楂中含有黄酮、氨基酸、多糖、有机酸、多酚和微量元素等成分，其中黄酮类成分是山楂最主要的活性成分，包括牡荆素葡萄糖苷、牡荆素鼠李糖苷、芦丁、牡荆素、金丝桃苷、槲皮素等。这些黄酮类成分都具有紫外吸收结构，以适当的溶剂提取后，可用 HPLC 法测定含量。

## 三、实验内容

采用 HPLC 法测定山楂中黄酮类成分的含量。

## 四、实验内容

1. 提前布置实验任务，学生分组，推选组长，自选山楂黄酮类成分。
2. 查阅文献，结合所学知识，写出实验设计方案，包括实验原理、仪器试剂、实验步骤、计算公式、注意事项、参考文献等。
3. 提交实验设计方案给教师评阅并反馈意见，各组学生按意见修改方案后以 PPT（PowerPoint 演示文稿）在班级汇报讨论，再次完善方案，确定实验方案。
4. 按照确定的实验方案进行实验研究，包括标准品溶液、供试品溶液的制备，测定条件的筛选，系统适用性试验等。
5. 记录色谱图，含量测定结果数据处理，书写实验报告，并总结讨论不同小组实验结果。

## 五、提示

设计内容包括具体选取的山楂黄酮类成分，及提取方法考察、等度洗脱/梯度洗脱色谱条件、含量计算方法等。

## 六、注意事项

1. 仪器操作时应严格按照高效液相色谱仪操作规程进行。
2. 所有的流动相使用前必须先脱气，所有进入液相的样品一定要过滤。

# 第十四章
# 分析仪器操作规程

## 一、电子分析天平

### （一）直接称量法

1. 取下天平防尘罩，连接电源，开机预热 30min。
2. 观察水平仪的气泡是否在圆圈中心，若不在中心应调节水平调节螺丝将气泡调至中心。
3. 打开天平侧门，用称量瓶或镊子夹取称量纸放入称量盘上，点击去皮键归零。
4. 加入适量试样，待接近质量时抖动手腕使少量样品落入称量纸上。
5. 关好天平侧门，记录数据，并清理称量盘及周围。

### （二）递减称量法（差减法）

1. 取下天平防尘罩，连接电源，开机预热 30min。
2. 观察水平仪的气泡是否在圆圈中心，若不在中心应调节水平调节螺丝将气泡调至中心。
3. 打开天平侧门，用纸条裹紧含有样品的称量瓶，放在称量盘上称重，读数并记录数据。
4. 倾倒出适量样品于容器中（用纸条包裹称量瓶盖子顶部，轻敲瓶口，逐渐抖出样品），将称量瓶放回天平（粘在瓶口的试样敲落至称量瓶），读数并记录数据。
5. 取出称量瓶或重复步骤 4 直至取出合适量的样品。
6. 关机并拔电源，用刷子清扫天平的称量盘及周围，罩上防尘罩。
7. 在仪器使用登记本上进行登记。

## 二、上海元析 UV-5900 型紫外-可见分光光度计

### （一）操作规程

1. 插上电源，按"电源开关"开机，仪器开始自检。
2. 仪器自检通过后按任意键进入主界面，选择"系统设定"，开氘灯（紫外光区）

或钨灯（可见光区），预热 30min。

3. 按"ESC"键返回主界面，选择"光度测量"，按"ENTER"键进入。

4. 将盛有参比溶液和待测溶液的吸收池置于吸收池架中。

5. 盖上样品室盖，移动样品架拉手，将参比溶液吸收池置于光路中。

6. 按"GOTO λ"输入测定波长，按"ENTER"键确定，读出参比溶液吸光度。

7. 按"ZERO"归零键，扣除参比溶液空白。

8. 移动样品架拉手，将待测溶液置于光路中，读出待测溶液的吸光度（$A$）值。

9. 测定完成后，将吸收池取出。按"ESC"键返回主界面，选择"系统设定"，关闭氘灯或钨灯。

10. 关闭电源开关。

11. 罩上仪器防尘罩，打扫卫生。

12. 在仪器使用登记本上进行登记。

## （二）注意事项

1. 开机后待仪器自检通过，打开光源后预热半小时再进行测试。

2. 为延长灯丝的使用寿命不要频繁开关机。

3. 不要让液体洒在仪器上以及仪器内，防止对仪器造成损坏，若不小心洒上液体应及时擦掉。

4. 测量完成后关闭电源，清洁比色皿和仪器表面，定期维护和校准。

5. 比色皿使用时不要沾污或磨损，待测液应尽快测量，吸光度最好控制在 0.2~0.8 之间。

6. 避免振动、强光干扰，保持仪器稳定。

7. 使用前先在预约登记本上预约，使用完填写使用登记本。

## 三、赛默飞 Trace1300 型气相色谱仪（FID 检测器）

### （一）操作规程

1. 打开载气气源，氮气输出减压阀设置为 0.5MPa（注意钢瓶内气压不得低于 1MPa；若低于 1MPa，则换气后需要对气路进行检漏）。

2. 打开氢气发生器（碱液电解制氢）与空气发生器。

3. 开机，仪器自检，确认色谱柱连接，若更换过色谱柱，则需进行检漏（用堵头堵住色谱柱出口端，进行泄漏检查），检查自动进样针，确认针滑动正常，检查洗针液（定期更换隔垫、衬管）。

4. 打开电脑，先连接好 Services manager，然后运行工作站软件 Chromeleon7.2，设置仪器参数。参数设置主要有以下内容。

(1) 进样口：进样口温度；吹扫流量；分流流量；载气压力。

(2) 柱温。

(3) 检测器：检测器尾吹流量；空气流量；氢气流量；检测器温度。

5. 参数设置后待仪器达到稳定状态，开始点火运行，若点火成功，会听见点火响声，否则需重新点火，至点火成功；待仪器压力及基线稳定后创建"仪器方法"并保存。

6. 仪器方法的建立需设定以下参数：

（1）运行时间。

（2）进样口：进样口温度；吹扫流量；分流流量；载气压力。

（3）检测器：检测器尾吹流量；空气流量；氢气流量；检测器温度。

7. 仪器方法建立完后创建"序列"。设置样品名称、样品位置、进样量、洗针次数、选择仪器方法等。

8. 选中样品，点击开始，仪器按照设定程序开始进行数据的采集。

9. 将采集好的数据进行处理及记录。

10. 关机。将仪器降温，待柱温降到室温，进样口、检测器降到30℃以下（期间不可关闭载气，需要关闭点火以及氢气发生器和空气发生器开关）。

11. 关闭电源，关掉载气（氮气）开关以及搭上遮灰布。

12. 在仪器使用登记本上进行登记。

## （二）注意事项

1. 关闭载气时，先关闭减压阀，后关闭钢瓶阀门，再开启减压阀，排出减压阀内气体。

2. 微量注射器是易碎器械，而且常用的一般是容积为 $1\mu L$ 的注射器，使用时应多加小心，不用时要洗净放入盒内，不要随便玩弄，来回空抽，否则会严重磨损，损坏气密性，降低准确度。

3. 微量注射器在使用前后都须用丙酮或丁酮等溶剂清洗，而且不同种类试剂要有不同的微量注射器分开取样，切不可混合使用，否则会导致试剂被污染，最后检测结果不准确。

4. 各室升温要缓慢，防止超温（现在的气相色谱仪一般采用程序自动控制升温）。

# 四、赛默飞 U3000 型高效液相色谱仪

## （一）操作规程

1. 配制全新的流动相，首先过 $0.45\mu m$ 滤膜抽滤，然后超声 $10\sim15min$，实验时必须保证流动相及管路中没有气泡。

2. 打开各单元电源（泵、检测器、电脑）。

3. 双击打开电脑桌面上"服务管理器"图标，点击"开始仪器控制器（S）"按钮。

4. 双击打开电脑桌面上"Chromeleon"图标，进入数据采集界面，打开排气阀，选择"冲洗 on"进行排气，排气完成后关闭排气阀。设定实验所需条件，打开紫外灯，选择"马达 on"，仪器进入工作状态。

5. 创建仪器方法：在数据界面，选中左侧"方法＋"，右击新建文件夹并命名，点击菜单中"创建"，选择"仪器方法"，根据向导，依次设定流动相、波长，最后点击左上角"保存"键保存。

6. 创建序列：在数据界面，选中左侧"序列＋"，右击新建文件夹并命名，点击菜单中"创建"，选择"序列"，根据向导，选择仪器方法并命名保存。

7. 在"仪器"界面"序列"中，删除已有序列。

8. 返回"数据"界面，点击已建好的序列，选择要进针的样品，点击"开始"，注入准备好的样品，双击序列图谱或在仪器界面可查看在线图谱（如数据未采集，在"仪器"界面点击继续）。

9. 数据处理：双击序列中已完成图谱，即可查看图谱数据。

10. 数据报告：点击左侧"报告设计器"，查看数据报告。

11. 关机：在"仪器"界面关闭紫外灯，逐步降低流动相流速至 0，选择"马达 off"，关闭"Chromeleon"界面，打开电脑桌面上"服务管理器"图标，点击"关闭仪器控制器（S）"按钮，关闭各单元电源。

## （二）注意事项

1. 流动相必须用 HPLC（色谱纯）试剂，使用前用 $\leqslant 0.45 \mu m$ 微孔滤膜过滤。

2. 所有注入色谱仪的样品分析前必须用 $\leqslant 0.45 \mu m$ 微孔滤膜过滤，并在样品分析完后用溶解样品的溶剂清洗进样器。

3. 使用酸、碱或缓冲盐作为流动相时，样品分析完后应先用高比例纯水（如90%水相）的流动相冲洗至流出的废液呈中性，再按常规色谱柱清洗方法进行冲洗。

4. 在实验结束关闭仪器前，请先关闭氘灯。

5. 在仪器使用登记本上进行登记。

# 五、岛津 LC-20AT/16 型高效液相色谱仪

## （一）操作规程

1. 流动相处理：配制全新的流动相，首先过 $0.45 \mu m$ 滤膜抽滤，然后超声 10～15min，实验时必须保证流动相及管路中没有气泡。

2. 开机：依次打开检测器、泵 A、泵 B 的电源（Power 键），双击电脑桌面上的 LCsolution 工作站。电脑连接上仪器后会响一声，进入数据分析界面。

3. 排气：打开排气阀，将阀门朝 Open 方向旋转至水平状态为打开，按下 Purge 键开始排气，待指示灯由黄灯变成绿灯闪烁时说明排气完成，将排气阀朝 Close 方向旋转至竖直位置为关闭。

4. 设置方法：进入数据采集界面进行数据设置，在"高级"界面下依次设置数据采集时间、时间程序、泵、检测器 A，所有参数设置完后点击右边的"下载"，在"文件"的下拉表选项中选择"方法文件另存为"，弹出对话框，输入方法文件名。

5. 进样：待仪器基线和压力稳定后即可准备进样。用进样针吸取所需体积样品，排除气泡，单击数据采集界面左侧栏"单次分析开始"，在弹出的对话框中填写样品信息，填写完成后点击"确定"，等待界面弹出另外一个对话框。打开仪器上的进样阀，进样阀向 Load 方向旋转为打开，插入进样针，推入样品溶液，将进样阀旋转回 Inject 状态，最后抽出进样针。

6. 分析：进样完成后，数据采集界面会显示"正在分析"蓝色字样，这时等待样品出峰，可根据不同需要点击项目栏里的"停止"键结束分析或等待自动结束分析。

7. 数据处理：分析结束后，点击项目栏的"数据处理"键进入"再解析"界面，进入后在左边的文件夹里选择所需要处理的文件名，双击打开，右边就会有相应采集的图谱出现，在图谱下方可查看图谱数据。若需手动积分，则可以在左边的项目栏里单击"手动积分"，在出现的工具栏中选取所需要处理的工具，如删除峰或插入峰等。手动积分完成后，单击项目栏里的"数据报告"，进入分析报告界面，右击峰表栏—属性—峰表，在显示项目中添加/删除项目即可，最后点击"确定"完成。

8. 关机：分析结束后关闭氘灯，关闭泵。彻底结束关机前先清洗色谱柱。色谱柱冲洗完成后先关闭液相泵（按 Pump 键），然后关闭数据采集界面和主项目窗口，最后关闭仪器对应的检测器、泵 A、泵 B 的电源（Power 键），则关机完成。

## （二）注意事项

1. 流动相必须用 HPLC（色谱纯）试剂，使用前用 $\leqslant 0.45\mu m$ 微孔滤膜过滤。

2. 所有注入色谱仪的样品分析前必须用 $\leqslant 0.45\mu m$ 微孔滤膜过滤，并在样品分析完后用溶解样品的溶剂清洗进样器。

3. 使用酸、碱或缓冲盐作为流动相时，样品分析完后应先用高比例纯水（如90%水相）的流动相冲洗至流出的废液呈中性，再按常规色谱柱清洗方法进行冲洗。

4. 在实验结束关闭仪器前，应先关闭氘灯。

5. 在仪器使用登记本上进行登记。

# 六、依利特 W1100 型高效液相色谱仪

## （一）操作规程

1. 流动相处理：配制全新的流动相，首先过 $0.45\mu m$ 滤膜抽滤，然后超声 10～15min，实验时必须保证流动相及管路中没有气泡。

2. 打开各单元部件电源：高压恒流泵、检测器、自动进样器的电源依次打开，待各模块通过自检方可进行下一步。

3. 运行软件：打开电脑，双击电脑桌面上的工作站图标，点击"确定"后登录工作站。

4. 验证系统配置：依次点击左侧"仪器控制"按钮，"系统配置"按钮，添加 D1100、P1100-A、P1100-B，然后再点击"验证系统配置"按钮。连接成功后，可进入下一步操作。

5.高压恒流泵：高压恒流泵开机后，打开放空阀，点击冲洗按钮，冲洗5~10min保证管路中没有气泡后，停止冲洗，关闭放空阀。

6.紫外-可见检测器：观察检测器氘灯指示灯是否正常点亮，氘灯点亮30min后仪器可正常使用。

7.设置方法：点击"仪器控制"中的"仪器控制"按钮，设置高压恒流泵时间及流速的梯度及紫外-可见检测器波长，设置完成后，点击"发送仪器参数"，可将方法发送至仪器。

8.色谱图采集时间：设置色谱图采集时间。依次点击"分析方法""数据采集方法"按钮，设置采集时间。

9.启动基线监测：方法建立完成后，发送仪器参数，点击数据采集按钮，待基线平衡后，点击停止基线监测，进入数据采集状态，等外界触发进行信号采集。

10.进样分析：基线平衡后，将进样阀转至Load位置，将进样针插入进样阀中，并将样品推入定量环中，然后将进样阀转回Inject位置，拔出进样针。

11.数据保存：数据分析完成后，点击保存按钮，输入储存位置及文件名，进行数据保存。

12.结束实验：实验完成后，冲洗色谱柱，关闭所有模块电源。

## （二）注意事项

1.流动相必须用HPLC（色谱纯）试剂，使用前用≤$0.45\mu m$微孔滤膜过滤。

2.所有注入色谱仪的样品分析前必须用≤$0.45\mu m$微孔滤膜过滤，并在样品分析完后用溶解样品的溶剂清洗进样器。

3.使用酸、碱或缓冲盐作为流动相时，样品分析完后应先用高比例纯水（如90%水相）的流动相冲洗至流出的废液呈中性，再按常规色谱柱清洗方法进行冲洗。

4.在实验结束关闭仪器前，应先关闭氘灯。

5.在仪器使用登记本上进行登记。

# 七、气相色谱虚拟仿真实验

## （一）操作规程

### 1.进入虚拟仿真实验室

打开电脑，在电脑桌面上双击"大型分析仪器仿真软件"，打开文件夹，选择并双击"3D气相色谱仪7890仿真软件"，选择"单机练习"进入虚拟仿真实验室。

### 2.实验基本操作方式

在东方仿真仪器分析3D虚拟实验室场景中，视角为第一人称视角，使用键盘控制人物移动，W、S键控制人物前后移动，A、D键控制人物左右移动，鼠标左键移取物品，右键可以调整视角。

### 3. 实验前准备

(1) 移动人物进入走廊，选择"练习模式"，进入培训项目，选择需进行的实验，并进行实验预习，以下以"白酒中甲醇含量测定"为例。

(2) 在右侧选择实验装备，包括实验服、护目镜、平底鞋、实验手套、记录本等，穿戴好。

(3) 选择实验器具，并搭建实验流程（包括开机、制样、检测、关机）。

### 4. 实验操作

(1) 打开气瓶：移动人物至气瓶室，移动鼠标至氮气瓶总阀，用鼠标滑轮上滑，当压力表指针大于 10MPa 时提示已打开，然后移动鼠标至氮气减压阀，用鼠标滑轮上滑，设置压力为 0.5MPa；同法依次打开空气、氢气钢瓶，氢气减压阀设置到 0.2MPa，空气 0.4MPa。

(2) 开机：鼠标单击气相色谱仪开关，打开气相色谱仪，并打开计算机开关，单击电脑界面，启动工作站软件。

(3) 配制样品：移动视角至样品配置区域，单击样品盘，弹出配制标准品浓度梯度界面，根据表 14-1 填写样品浓度和容量瓶体积。

表 14-1　样品配制

| 样品浓度/(μg/mL) | 1 | 2 | 5 | 7 | 10 | 15 | 20 |
|---|---|---|---|---|---|---|---|
| 容量瓶体积/mL | 100 | 100 | 100 | 100 | 100 | 100 | 100 |

(4) 创建方法：移动视角至工作站界面，在工具栏中选择"方法"，下拉菜单，选择"编辑完整方法"，单击"确定"，选择"GC 进样器"并单击"确定"。

(5) 参数设置

a. 进样口参数：ALS 处，进样量 1μL，其他默认；单击"进样口"图标，进样温度设置 200℃；压力 20psi❶，隔热吹扫流量为 5mL/min，模式为标准；进样模式为分流 40mL/min，分流比 30:1。

b. 色谱柱参数：单击"色谱柱"图标，流量设定为 40mL/min，其他默认。

c. 单击"柱温箱"图标，采用程序升温，初始温度 60℃，保持 2min；以 5℃/min 升温至 240℃，保持 10min（根据具体实验进行设置）。

d. 单击"检测器"图标，FID 温度设置为 220℃，空气流量为 300mL/min，氢气流量为 30mL/min，尾吹气流量为 40mL/min，确定，保存方法。

(6) 编辑样品信息：单击"运行控制"，填写样品信息，包括进样品位置、样品名等，确定。

(7) 样品分析：单击"运行控制"，选择"运行方法"，方法运行。移动视角至进样口，可观察样品气化和分流情况，还可观察样品组分在色谱柱中的分离情况。

(8) 色谱图获取：返回工作站界面，获得样品色谱图。

---

❶　1psi＝6894.76Pa

## （二）注意事项

1. 打开气瓶开关时，鼠标需移动到阀门处，显示阀门开关"总压阀开关"或"分压阀"开关的蓝色字体后，再旋转鼠标滚轮打开气瓶。
2. 不能随意旋转鼠标的滚轮，否则容易导致无法找到正确的视角。

## 八、高效液相色谱虚拟仿真实验

### （一）操作规程

#### 1. 进入虚拟仿真实验室

打开电脑，在电脑桌面上双击"大型分析仪器仿真软件"，打开文件夹，选择并双击"3D液相色谱仪 AGILENTHPLC1260 仿真软件"，接下来选择"单机练习"进入虚拟仿真实验室。

#### 2. 实验基本操作方式

在东方仿真仪器分析3D虚拟实验室场景中，视角为第一人称视角，使用键盘控制人物移动，W、S键控制人物前后移动，A、D键控制人物左右移动，鼠标左键移取物品，右键可以调整视角。

#### 3. 实验前准备

（1）移动人物进入走廊，选择"练习模式"，进入培训项目，选择需进行的实验，并进行实验预习。

（2）在右侧选择实验装备，包括实验服、护目镜、平底鞋、实验手套、记录本等，穿戴好。

（3）选择实验器具，并搭建实验流程（包括开机、制样、检测、关机）。

#### 4. 实验操作

（1）流动相处理：点击真空泵按钮，打开"真空泵开关"，点击"烧杯"，将配制好的流动相，倒入过滤量杯，过滤结束后，拔掉真空抽滤连接的胶皮管子，真空表压下降，再关闭真空泵开关。点击"三角积滤瓶"，将溶液倒入溶剂瓶中，超声10min，放到液相溶剂盘中。

（2）样品制备：鼠标右键移动视角至样品制备区域，点击"注射器"，过滤离心管中的未知样品。点击"容量瓶"，弹出配制标准品浓度梯度界面，根据实际填写标准溶液加入量和溶剂加入量。

（3）分析样品

a. 开机：依次打开泵、自动进样器、柱温箱、检测器的开关。打开计算机开关。

b. 排气泡：鼠标移动至 purge 阀上，向上旋转鼠标滚轮，逆时针旋开 purge 阀，点击 purge 按钮,冲洗流路,排除吸滤头到泵管路中的气泡。排气结束后,向下旋转鼠标滚轮,关闭 purge 阀。

c. 设置方法参数:单击电脑界面,打开工作站,点击"方法",选择"创建方法"。弹出"编辑方法运行选项"窗口,勾选"方法信息、仪器/采集、数据分析",点击"确定";选择"进样源"窗口,选择"手动";弹出方法设置界面,设置相应的流速、流动相比例、柱温箱(TCC)温度、检测波长。

d. 编辑样品信息:单击序列,编辑样品信息,输入样品瓶位置和样品量。

e. 运行方法:单击"运行控制",选择"运行方法",方法运行,准备进样。

f. 手动进样:点击"进样针",单击"六通阀",六通阀由 Load 切换至 Inject 状态,注射样品,单击"六通阀",六通阀由 Inject 切换至 Load 状态。

g. 色谱图获取:回到工作站,得到每个样品的色谱图,并对其进行分析。

## (二)注意事项

1. 不能随意旋转鼠标的滚轮,否则容易导致无法找到正确的视角。
2. 打开工作站后,要先设置好方法参数,再进样,否则没有色谱图。

## 参考文献

［1］王淑美.分析化学实验.北京：中国中医药出版社，2013.
［2］王淑美.仪器分析实验.北京：中国中医药出版社，2013.
［3］李永吉，彭代银.高等学校中药学类专业实验操作指南.北京：中国中医药出版社，2017.
［4］李志富.分析化学实验.2版.北京：化学工业出版社，2024.
［5］国家药典委员会.中国药典一部、二部和四部［S］.北京：中国医药科技出版社，2020.